中国草业统计

CHINA GRASSLAND STATISTICS

2020

农业农村部畜牧兽医局
全国畜牧总站 编

中国农业出版社

北京

图书在版编目（CIP）数据

中国草业统计.2020 / 农业农村部畜牧兽医局，全国畜牧总站编. —北京：中国农业出版社，2022.3
ISBN 978-7-109-29243-7

Ⅰ.①中… Ⅱ.①农…②全… Ⅲ.①草原资源—统计资料—中国—2020 Ⅳ.①S812.8-66

中国版本图书馆CIP数据核字（2022）第047088号

中国农业出版社出版
地址：北京市朝阳区麦子店街18号楼
邮编：100125
责任编辑：赵　刚
版式设计：王　晨　责任校对：吴丽婷
印刷：中农印务有限公司
版次：2022年3月第1版
印次：2022年3月北京第1次印刷
发行：新华书店北京发行所
开本：889mm×1194mm　1/32
印张：11.375
字数：330千字
定价：120.00元

编辑委员会

Editorial Bord

Writing Group

Editorial–in–chief:

Wang Jiating   Chen Zhihong

Associate Editorial–in–chief:

Zhao Zhiyang   Yan Min   Zhang Tiezhan

Tang Chuanjiang   Yin Quanwei

Editorial Staff:

Wang Jiating   Yin Quanwei   Liu Bin

Yan Min   Yan Lin   Li Xinyi

Zhang Tiezhan   Lu Jian   Chen Zhihong

Shao Linhui   Zhou Ximei   Zhao Zhiyang

Zhao Enze   Liu Zhenying   Qian Zhengcheng

Tang Chuanjiang   Xie Yue   Xue Zebing

Tang Hao   Wang Zhaofeng   Xiang MingYi

Du Xueyan   Li Pinhong   Gao Qiu

Hou Pai

编 者 说 明

为了准确地掌握我国草业发展形势，便于从事、支持、关心草业的各有关部门和广大工作者了解、研究我国草业经济发展情况，全国畜牧总站认真履行草业统计职能，对 2020 年各省区的 2000 多个县级草业统计资料进行了整理，编辑出版《中国草业统计 2020》，供读者作为工具书查阅。

本书内容共分七个部分：第一部分为草业发展概况；第二部分为天然饲草利用统计；第三部分为饲草种业统计，包括饲草种质资源保护、审定通过草品种名录、饲草种子生产；第四部分为饲草生产统计，包括饲草种植、商品草生产；第五部分为农闲田统计；第六部分为农副资源饲用统计；第七部分为草产品加工企业统计；并附有草业统计主要指标解释、全国 268 个牧区半牧区县名录等。

本书所涉及的全国性统计指标未包括香港、澳门特别行政区和台湾省数据。

书中部分数据合计数和相对数由于单位取舍不同而产生的计算误差，未作调整。数据项空白表示数据不详或无该项指标数据。0.0 表示数据不足表中最小单位。

由于个别省区统计资料收集不够及时、全面，编辑时间仓促，加之水平有限，难免出现差错，敬请读者批评指正。

2021 年 10 月

目　　录

第一部分

2020年草业发展概况

一、饲草生产

2020 年，国务院办公厅印发了《关于促进畜牧业高质量发展的意见》，明确提出健全饲草料供应体系，增加青贮玉米种植，提高苜蓿、饲用燕麦等紧缺饲草自给率。各地以粮改饲、振兴奶业苜蓿发展行动、草原生态补奖等政策为抓手，努力克服新冠肺炎疫情对草牧业的影响，积极发展饲草产业，优质饲草供应能力正逐步增强。

（一）人工种草保留面积同比持平，当年新增略有下降

2020 年上半年由于受新冠肺炎疫情影响，饲草种子、化肥、农药等物资运输受限，从而延迟饲草的春耕备耕，导致新增种植面积略有下降。全国新增人工种草面积 6850 万亩[*]，其中多年生饲草 806.7 万亩、一年生饲草 6043.3 万亩，同比分别下降 2.9%、17.2%、0.6%，其中西藏、内蒙古、福建降幅明显，同比分别下降 34.0%、21.6%、19.7%。人工种草保留面积 13421.3 万亩，与上年基本持平，其中种草主要省区为内蒙古、甘肃、四川、云南、新疆，分别占全国的 23.2%、18.1%、8.9%、6.8%、6.5%。

（二）优质饲草供应能力逐步提升，饲用燕麦增幅明显

在粮改饲、苜蓿发展行动等政策带动下，各地大力发展饲草产业，充分挖掘盐碱地、撂荒地、农闲田等土地资源，立足气候条件和资源禀赋，探索形成了一批饲草产业发展的典型模式。河西走廊、北方农牧交错带、河套灌区、黄河中下游及沿海盐碱滩涂区统筹畜牧业发展和生态建设，大力发展苜蓿等优质饲草，培育了一批饲草产业集群。东北、西北地区积极推广短生育期饲草，种植模式实现"一季改两季"。各地因地制宜选择饲用燕麦、黑麦草、苜蓿、箭筈豌豆、小黑麦等饲草品种开展粮草轮作，推行豆科与禾本科饲

---

[*]　亩为非法定计量单位，1 亩≈667 平方米，下同。

草混播或套种。

从饲草种类来看，多年生饲草以紫花苜蓿为主，2020年留床面积为3310万亩，占全国的44.9%；一年生饲草主要为青贮玉米、饲用燕麦、多花黑麦草，面积分别为3630万亩、635万亩、392万亩，同比分别增加-0.9%、18.9%、1.0%。从分布区域来看，紫花苜蓿留床面积较大的省区有甘肃、内蒙古、宁夏，面积分别为1207万亩、495万亩、479万亩，占全国的65.9%。在粮改饲政策带动下，全株青贮玉米向"镰刀弯"和"黄淮海"地区集中，内蒙古、甘肃、黑龙江、河北、山东、山西、河南、宁夏、吉林、辽宁等省区种植面积达到2456.8万亩，占全国的67.7%。饲用燕麦也在向"镰刀弯"和"黄淮海"冷凉地区集中，内蒙古、甘肃、河北、山东、山西、河南、宁夏、吉林等省区种植面积达到401.1万亩，占全国的63.2%，同比增加41.7%。从单产来看，2020年紫花苜蓿、多花黑麦草分别为503千克/亩、1287千克/亩，同比分别增长3.3%、12.4%。从产量来看，全国人工种草产量达到1.37亿吨，其中饲草青贮量达到0.73亿吨，折合干草0.37亿吨，占总量的27.2%。

（三）饲草供不足需局面仍未扭转，缺口依然较大

近年来，随着居民收入水平提高，牛羊肉和奶类需求持续快速增长。"十三五"期间，我国牛奶、牛肉、羊肉消费量年递增率分别达4.3%、5.8%、2.8%，明显高于畜产品整体消费增速。2020年，我国人均牛肉和奶类消费量分别为6.3千克和38.2千克，只有世界平均水平的69%和33%，未来还有不小增长空间。《国务院办公厅关于促进畜牧业高质量发展的意见》明确提出，到2025年牛羊肉和奶源自给率分别保持在85%左右和70%以上，要实现保供目标，我国牛羊养殖对优质饲草的缺口依然较大。

据国家统计局2020年草食家畜养殖统计数据测算，全国草食家畜实际饲养量约13.4亿标准羊单位。据国家林业和草原局发布的《全国草原监测报告2020》显示，全国天然草原鲜草总产量11.1亿吨，较上年提高0.69%；折合干草约3.4亿吨，载畜能力约2.71亿羊单位。经测算，现有我国人工种草仅可饲喂1.71亿羊单位，约67%的草食家畜没有稳定的优质饲草供应来源，主要通过饲喂秸秆等农副资源、增加谷物饲料比重、从国外进口饲草等途径来解决国内饲草缺口。内蒙古、新疆、四川、西藏、青海、甘肃六大牧区草食家畜饲养量达到5.78亿羊单位；天然草原鲜草产量6.4亿吨，占全国的57.5%，折合干草约2.1亿吨，载畜能力约1.64亿羊单位；人工种草可饲喂1.17亿羊单位，约51.4%草食家畜需要外调饲草料。

（四）草牧业生产方式正逐步转型，机遇与挑战并存

草牧业是关系国计民生的重要产业，肉奶是百姓"菜篮子"的重要品种。近年来，我国草牧业综合生产能力不断增强，在保障国家食物安全、繁荣农村经济、促进农牧民增收等方面发挥了重要作用，但也存在产业发展质量效益不高、支持保障体系不健全、抵御各种风险能力偏弱等突出问题。农业供给侧结构性改革是"三农"领域的一场深刻变革，其中一项重点任务是增加优质饲草料供应，推进粮经饲三元结构调整。发展饲草产业，是加快补齐牛羊肉和奶类供给短板的前提条件，是增强粮食安全回旋余地的重要举措，是巩固拓展脱贫攻坚成果的重要抓手，具有一举多得的重要意义和作用，面临着良好发展机遇。

在我国牧区，各地不断加大饲草料基地、打贮草基地、牲畜棚圈、牲畜改良点、标准化种养基地等畜牧业基础设施建设，逐步培育新型经营主体，促进了牲畜出栏、改善畜群结构、提升良种化水平和推进舍饲半舍饲等畜牧业生产方式转型。2020年内蒙古等13个牧区省区人工种草年末保留面积11198.4万亩，较上年基本持平。其中，种草主要省区为内蒙古、甘肃、四川、新疆和云南，人工种草保留面积分别为3115.2万亩、2432万亩、1188.3万亩、923.9万亩、917.2万亩，分别占全国的23.2%、18.1%、8.9%、6.9%、6.8%。肉牛、肉羊出栏率达47.4%、94.4%，分别较2015年提高1.2个、8.1个百分点；牛、羊肉产量达445.9万吨和341.2万吨，分别较2015年增长9.5%和12.6%，为保障牛羊肉市场供给做出了积极贡献。

在我国农区，各地以现代农牧产业园区、示范园等为载体，不断提升优质饲草的标准化规模化集约化经营水平，大力推行复种、套种等种草模式，促进草畜一体化发展。2020年我国农区人工种草保留面积2222.9万亩，当年新增种草面积1306.5万亩，同比分别增长3.1%、7.5%。其中人工种草主要省区为陕西、贵州、湖南、湖北和山东，保留面积分别为686.8万亩、263.1万亩、260.9万亩、222.4万亩、185万亩，分别占农区保留面积的30.1%、11.8%、11.7%、10%、8.3%。农区种植多年生饲草平均单产914.1千克/亩，同比增长2.7%；一年生饲草单产为1142千克/亩，同比基本持平。

二、饲草种业

饲草种业是我国饲草基础性、战略性核心产业，是现代草食畜牧业发展水平和畜产品国际竞争力的集中体现，是农业科技进步的重要标志。2020年在国家政策引导和财政资金扶持下，有关部门和地方切实履行政府职能，为种业的健康发展营造了较好的政策环境、市场环境，按照"育繁推"一体化的发展思路，开展种质资源保护、新品种测试与审定、饲草种子质量监管、良种繁育基地建设等种业发展基础性工作，饲草种业稳步发展，取得了一定成效，但现代育种体系不健全、管理体制机制不畅、科技支撑能力不足和总量供给不足等问题依然存在，制约着饲草种业高质量发展。

（一）饲草种子田较往年略有下降

近年来，在我国饲草种子主产省区逐渐呈现"公司+农户"的订单模式，依靠专用种子田来生产饲草种子，种子质量较高，主要用于商品饲草种植；而以荒山荒坡改造和退化草地改良为目标的饲草种子，主要是农牧民通过自种草留种或野外采种，并由种子企业收购后流向市场，种子质量较差。其中以甘肃为代表的紫花苜蓿种子生产省区为适应现代种业发展需要适时淘汰生产水平低、生产年限长的种子田面积近20万亩，调减幅度约50%。以宁夏、青海、甘肃、四川为主的饲用燕麦种子生产省区加大了燕麦草的收贮力度，调减饲用燕麦种子田面积近10万亩，调减幅度约20%。据各地区统计，2020年全国饲草种子田面积107.75万亩，同比下降22.2%。从饲草类型来看，多年生、一年生种子田面积分别为50.01万亩、57.73万亩，同比分别下降24.1%、20.4%。从生产布局来看，种子田面积5万亩以上的省区有甘肃36.59万亩、宁夏26.76万亩、青海12.8万亩、四川9.44万亩、内蒙古9.28万亩，同比分别增长−25.8%、−22.3%、−24.5%、−3.3%、12.8%，分别占全国的34.0%、24.8%、11.9%、8.8%、8.6%。从主要饲草种类来看，紫花苜蓿、饲用燕麦、披碱草种子田面积分别为40.42万亩、34.02万亩、2.25万亩，同比分别下降20.2%、22.0%、69.8%。全国牧区半牧区县、牧区县、半牧区县饲草种子田面积分别为59.14万亩、17.75万亩、41.39万亩，同比分别下降29.0%、38.0%、24.4%；多年生、一年生面积分别为21.29万亩、37.85万亩，7.32万亩、10.43万亩，13.98万亩、27.42万亩，同比分别下降36.0%、24.4%；30.3%、42.4%；38.7%、14.2%。

（二）饲草种子产能与往年基本持平

2020年饲草种子主产区水热匹配较好、收获关键期气候状况好于上年，饲草种子生产标准化、规范化水平也有了一定程度提升，饲草种子生产水平显著提高。全国饲草种子单产85千克/亩，同比增长26.9%；种子产量9.2万吨，其中种子田生产8.3万吨、天然草场采种0.85万吨，同比分别增长−6.1%、−9.2%、37.1%。从饲草类型来看，多年生、一年生饲草种子平均单产分别为43千克/亩、120千克/亩，同比分别增长38.7%、21.2%；种子产量分别为2.14万吨、7.05万吨，同比分别下降19.2%、2.4%。从生产区域来看，种子产量万吨以上的省区有青海2.7万吨、甘肃2.5万吨、宁夏2.3万吨，同比分别增长−9.3%、0.03%、−31.4%。从主要饲草种类来看，紫花苜蓿、饲用燕麦、披碱草种子单产分别为29千克/亩、152千克/亩、43千克/亩，同比分别增长20.8%、27.7%、−18.9%，种子产量分别为 1.2 万吨、5.2 万吨、0.3 万吨，同比分别下降 14.3%、0.5%、34.8%。全国牧区半牧区县、牧区县、半牧区县饲草种子单产分别为 67 千克/亩、46 千克/亩、77 千克/亩，同比分别增长 15.5%、－24.6%、35.1%，种子产量分别为 4.2 万吨、1.1 万吨、3.2 万吨，同比分别下降 17.9%、47.0%、0.3%。

（三）草种进口量呈上升趋势

2020 年国家继续实施振兴奶业苜蓿发展行动、粮改饲等饲草产业扶持政策，国内市场对苜蓿、饲用燕麦等优质饲草种子的需求量增加。随着城镇化进程加快，对绿化的草种需求量增速明显。与进口品种相比，国产品种丰产性略差，而抗寒、耐盐碱等抗逆性能占优，这是各地实施振兴奶业苜蓿发展行动项目时，多采用进口苜蓿种子的主要因素，而国产苜蓿种子主要用于退耕还草、盐碱地种草、撂荒地种草和草地改良等。据海关统计，2020 年全国进口各类草种 6.93 万吨，其中黑麦草 3.99 万吨、羊茅 1.20 万吨、草地早熟禾 0.31 万吨、紫花苜蓿 0.35 万吨、三叶草 0.26 万吨、饲用燕麦种子 0.82 万吨，同比分别增长 19%、28%、23%、－46%、38%、21%、60%。从种子来源地看，黑麦草种子主要来自美国、丹麦、新西兰及加拿大，其中美国占 71%、丹麦占 13%、新西兰占 6%；羊茅种子主要来自美国和丹麦，其中美国占 81%、丹麦占 9%；草地早熟禾种子主要来自美国和丹麦，其中美国占 87%、丹麦占 13%；紫花苜蓿种子主要来自加拿大和澳大利亚，其中加拿大占 77%、澳大利亚占 17%；三叶草种子主要来自阿根廷、新西兰及美国，其中阿根廷占 40%、新西兰占 26%、美国占 15%。从种子用途来看，羊茅、早熟禾种子主要用于园林绿化、草坪建设，三叶草种子主要用于果园种草和生态绿化，黑麦草种子主要用于园林绿化、畜牧业和渔业，苜蓿种子主要满足高产苜蓿基地项目建设，饲用燕麦种子主要满足饲草种植。2020 年全国新增苜蓿种植面积 393 万亩，预估 2021 年面积持平，按亩用种 2 千克计算，约需种子 0.8 万吨，国产苜蓿种子基本能够满足除苜蓿发展行动外的普通种草用种需求。2020 年全国饲用燕麦种植面积635万亩，预估2021年增幅10%，按亩用种10千克计算，约需种子7万吨，国产种子能够满足种草需求的70%。

（四）种子市场价格较往年有所回落

受新冠肺炎疫情等多种因素影响，2020年全国紫花苜蓿、披碱草等种子部分企业库存同比偏高50%~100%，国产种子价格同比持平，低产种子价格仍然高位维持。由于受土地成本高、机械化率低、科研投入少等因素制约，紫花苜蓿国内制种价格较国外普遍偏高，市场竞争力较差。据海关统计，2020年全国草种子进口平均到岸价分别为：黑麦草8.97元/千克[*]、羊茅12.97元/千克、草地早熟禾24.69元/千克、紫花苜蓿19.17元/千克、三叶草23.66元/千克，同比分别下跌14%、19%、19%、2%、7%。

（五）种业发展基础正逐步夯实

2020年，全国共收集饲草种质资源477份，保存总量达到6.3万份；开展了94个饲草品种、1424个小区的区域试验；审定通过新品种20个，累计审定饲草品种604个；中央投资3000万元，在宁夏和青海新建紫花苜蓿等饲草良种繁育基地2个，在内蒙古建设饲草种业育繁推一体化示范项目1个，进一步夯实饲草种业发展基础，保障饲草种子供给安全。

农业农村部全国草业产品质量监督检验测试中心组织5家省部级草种质检机构，监测了北京、河南、四川、甘肃、青海、新疆等5省区的主要饲草种子，共抽检18个草种218批次，其中，紫花苜蓿、饲用燕麦、披碱草、黑麦草占69.3%，三级以上占81.7%，其中，国产种子三级以上74.2%、进口种子82.5%。

三、商品草生产与贸易

随着居民消费升级，草食畜产品在居民消费结构中的比重不

---

[*] 2020年人民币对美元平均汇率为6.8974。下同

断提升，全球对饲草产品的需求量也与日俱增，尤其中国、日本、沙特阿拉伯及阿联酋等国家对优质饲草的需求更为明显。2020年，各地在粮改饲、振兴奶业苜蓿发展行动等政策带动下，商品草生产水平提升明显，但在全球新冠肺炎疫情、气候干旱等因素影响下，局部地区商品草生产面积较往年略有下降，导致进口量较往年有所增加。

（一）商品草单产水平提升明显

2020年，我国商品草主产区雨热同季，尽管生产面积较往年有所下降，但各地加大了科技投入和政策扶持力度，单产水平大幅提升，产能与往年基本持平。全国商品草生产面积1347万亩，产量达到996万吨，同比分别增长 –17.4%、1.2%，单产达到739千克/亩，较上年提升22.4%。

分省份来看，商品草主产区为甘肃、内蒙古和黑龙江，分别为376万亩、259万亩和107万亩，分别占全国的27.9%、19.2%和8%，其中牧区半牧区县商品草种植面积为483万亩，占全国的35.9%，较上年减少39.1%。从饲草种类来看，主要商品草为紫花苜蓿、青贮玉米、羊草和饲用燕麦等，生产面积分别为629万亩、301万亩、174万亩和122万亩，分别占全国的46.7%、22.4%、12.9%和9.0%，产量分别为387万吨、400万吨、20万吨和82万吨，分别占商品草生产总量的38.9%、40.2%、2.0%和8.2%。

（二）草产品经营主体蓬勃发展

国家机构改革后，中央逐渐加大对草畜企业的扶持力度，着力培育草产品供应市场，尤其牛羊大省对优质饲草供不应求，带动了各地草产品加工企业与日俱增，草产品种类多样化，以牛羊为主的规模化养殖场逐渐加大了青贮饲料的配置和饲喂，青贮产品产量增幅明显。据不完全统计，2020年全国草产品加工企业及合作社达1547家，同比增加35.0%；干草（含草捆、草块、草颗粒、草粉等）产量376.2万吨、青贮产量604.3万吨（折合干草302.2万吨），折合干草总量678.4万吨，同比减少1.6%。加工企业主要集中在甘肃、青海、陕西、山西、宁夏、内蒙古，分别有314家、284家、180家、175家、141家、104家，占全国的77.4%；产量分别为234.6万吨、34.0万吨、30.7万吨、18.3万吨、31.2万吨、85.7万吨，占全国的70.3%。

随着各地奶山羊、兔、鹅、鹿、马、驴、骆驼等特色草食畜牧业快速发展，对草产品种类和类型的需求更加多样化。从草产品种类来看，草粉产量下降幅度较大，青贮产品增加较多，主要产品有草捆、草块、草颗粒、草粉和青贮料等，分别为260.7万吨、24.7万吨、56.9万吨、9.0万吨和241.7万吨（折合干草），分别占总量的42.2%、4.0%、9.2%、1.5%和39.1%，同比分别增长-1.3%、-27.6%、-9.0%、-59.6%和24.8%。从加工饲草种类来看，主要有青贮玉米、紫花苜蓿、饲用燕麦，产量分别为291.4万吨、201.3万吨、81.4万吨，占总量的92.9%。

（三）草产品进口格局持续优化

受全球新冠肺炎疫情、国际贸易格局变化、国内市场需求和美国苜蓿关税取消等因素影响，草产品进口数量较上年有小幅增加，其中饲用燕麦进口量创历史新高，平均到岸价格小幅上涨。据海关数据，2020年我国草产品进口总量为172.22万吨，同比增长6%。其中进口苜蓿干草135.91万吨，占总进口量的79%，同比持平；平均到岸价2489.96元/吨，同比上涨7%。主要来自美国、西班牙和南非，其中从美国进口118.50万吨，占比87%，同比增加17%，占比较上年增加12个百分点；从西班牙进口10.08万吨，占比7%，同比减少57%，占比较上年减少12个百分点；从南非进口3.13万吨，占比2%，与上一年持平；新增从苏丹进口1.55万吨，占比近1%；从加拿大进口1.09万吨，占比近1%，同比减少70%；其余来自意大利、阿根廷和保加利亚等国。进口燕麦草33.47万吨，占总进口量19%，同比增加39%；平均到岸价格2386.50元/吨，同比下跌4%；全部来自澳大利亚。进口苜蓿粗粉及颗粒2.84万吨，占总进口量的2%，同比减少5%；平均到岸价格1951.96元/吨，同比上涨 6%。其中从西班牙进口 2.17 万吨，占比 77%；从意大利进口 0.34 万吨，占比 12%；从南非进口 0.31 万吨，占比 11%；少量来自保加利亚和墨西哥。

（四）国产饲草产品市场竞争力进一步增强

2020 年草食畜产品价格高位运行、草食畜养殖量进一步增加，同时又受新冠肺炎疫情和国际贸易影响，苜蓿和饲用燕麦等草产品价格持续高位运行，区域化、本地化草产品供给时效优势明显，市场竞争力不断增强。国产苜蓿、饲用燕麦干草装车价平均分别为 2094 元/吨、1528 元/吨，分别低于进口到岸价 15.9%、36.0%。紫花苜蓿干草总产量、商品干草产量、商品干草销售量分别为 387 万吨、144 万吨、114 万吨，同比分别增加 0.8%、−17.7%、13.5%。燕麦干草总产量、商品干草产量、商品干草销售量分别为 82 万吨、32 万吨、23 万吨，同比分别增加 10.1%、13.1%、19.4%。青贮玉米干草总产量（折合干草）、鲜草实际青贮量、青贮销售量分别为 400 万吨、589 万吨、433 万吨，同比分别增加 1.7%、38.4%、58.6%。

第二部分

天然饲草利用统计

2-1 全国及牧区半牧区天然饲草利用情况

指 标		单位	全国	牧区半牧区		
				合计	牧区	半牧区
天然草地承包面积	累　计	万亩	397888	315380	232739	82642
	承包到户	万亩	337101	272715	211962	60753
	承包到联户	万亩	54033	39364	18868	20495
	其他承包形式	万亩	6755	3302	1908	1394
禁牧休牧轮牧面积	合　计	万亩	244500	201174	151748	49426
	禁　牧	万亩	127405	98306	67974	30332
	休　牧	万亩	86951	82782	71325	11457
	轮　牧	万亩	30143	20086	12448	7637
天然草地利用面积	合　计	万亩	116251	94827	78497	16330
	打贮草	万亩	15695	12280	6638	5642
	刈牧兼用	万亩	11571	7206	5850	1356
	其他方式利用	万亩	88985	75341	66010	9331
贮草情况	干草总量	万吨		3688	1305	2383
	青贮总量	万吨		2756	1105	1651
打井数量	累　计	个		87491	46085	41406
	当年打井	个		4527	3542	985
草场灌溉面积		万亩		1428	829	599
井灌面积		万亩		481	407	74
定居点牲畜棚圈面积		万平方米		7475	2898	4577

2-2 各地区天然

地 区	天然草地承包面积				禁牧休牧	
	累计	承包到户	承包到联户	其他承包形式	合计	禁牧
全 国	**397888.1**	**337100.5**	**54032.9**	**6754.7**	**244499.6**	**127405.4**
河 北	2132.9	336.1	1659.4	137.5	3143.9	3143.9
山 西	103.1	25.0	78.1		1735.8	1661.5
内蒙古	95697.1	84336.0	11124.0	237.1	98136.8	41340.4
辽 宁	1175.0	803.8	250.2	121.0	1394.7	1275.5
吉 林	906.1	755.2	142.0	9.0	680.0	545.3
黑龙江	1078.1	694.3	349.3	34.4	1287.6	1286.6
江 苏	26.8	25.4		1.4		
安 徽	76.2	54.7	12.0	9.5	81.5	36.8
福 建	0.1	0.1	0.0	0.0	1.2	1.0
山 东	52.5	2.5		50.0	37.5	37.5
河 南	66.7	51.6	5.9	9.2	196.1	169.3
湖 北	550.5	329.0	113.7	107.8	128.6	16.9
湖 南	2451.1	2020.1	285.9	145.1	703.9	253.2
广 东	32.6	20.5	12.1		12.3	2.0
广 西	118.0	57.7	13.6	46.7	164.1	69.4
海 南	1.6			1.6		
重 庆	126.3	89.3	7.0	30.0	79.2	28.2
四 川	23781.7	19307.1	4460.3	14.2	16890.4	6815.8
贵 州	1070.4	384.8	557.7	127.9	472.0	159.7
云 南	17780.1	13855.9	3895.7	28.5	9246.2	2656.2
西 藏	103172.3	95819.2	5979.3	1373.8	17548.7	12938.0
陕 西	1385.0	790.0	482.0	113.0	6523.9	6523.9
甘 肃	23542.3	20147.4	3393.2	1.7	21478.4	9843.8
青 海	44902.4	38457.2	6098.8	346.3	26655.1	18653.3
宁 夏	2586.0	2532.7	14.8	38.5	3460.9	3460.9
新 疆	72462.3	53944.4	14793.0	3724.9	32799.8	15434.4
新疆兵团	2490.6	2146.7	302.8	41.2	1311.9	723.6
黑龙江农垦	120.3	113.6	2.2	4.5	329.2	328.3

饲草利用情况

单位：万亩

轮牧面积		天然草地利用面积			
休牧	轮牧	合计	打贮草	刈牧兼用	其他方式利用
86950.9	**30143.3**	**116250.8**	**15694.8**	**11570.5**	**88985.4**
		535.4	290.6	6.4	238.4
24.0	50.3	265.8	0.0	98.2	167.6
55701.9	1094.5	16273.6	9025.4	1984.1	5264.2
119.2					
132.2	2.5	78.0	69.0	6.1	2.9
0.001	1.0	484.1	429.8	40.1	14.3
7.6	37.1	44.5	3.4	33.5	7.6
0.1	0.1	0.1	0.0	0.0	0.1
7.2	19.6	170.3	118.6	9.5	42.3
8.6	103.1	96.7	11.2	24.5	61.0
186.6	264.1	893.8	22.9	677.4	193.4
3.1	7.2	54.0	10.9	8.9	34.2
31.7	63.0	60.7	0.3	10.5	49.9
17.0	34.0	204.4	7.8	32.8	163.8
7981.7	2093.0	4301.2	63.2	361.0	3877.0
103.8	208.5	215.6	8.5	47.7	159.4
1159.2	5430.8	6441.3	382.5	2148.2	3910.6
1974.6	2636.1	52803.7	1377.4	744.1	50682.2
		585.3		1.5	583.8
9363.5	2271.1	572.0	44.8	311.7	215.5
1164.0	6837.8	18069.6	1918.6	3620.0	12530.9
		22.3	22.3		
8776.0	8589.5	12623.9	1755.1	1314.3	9554.6
189.1	399.2	1330.6	17.2	90.1	1223.3
	0.9	124.1	115.5	0.0	8.5

17

2-3 各地区牧区半牧区

地　区	承包面积				禁牧休牧	
	累计	承包到户	承包到联户	其他承包形式	合计	禁牧
全　国	**315380.4**	**272715.0**	**39363.8**	**3301.6**	**201174.2**	**98306.3**
河　北	1567.0	11.4	1474.9	80.7	1600.2	1600.2
山　西	78.1		78.1			
内蒙古	92847.3	82498.0	10141.4	207.9	95847.8	39704.6
辽　宁	736.0	387.2	227.8	121.0	721.3	721.3
吉　林	636.9	542.4	94.5	0.001	544.7	415.0
黑龙江	855.4	501.9	341.6	12.0	971.6	971.6
四　川	21998.3	17609.2	4388.4	0.7	16823.8	6791.0
云　南	1383.6	1128.6	255.0		1383.6	604.1
西　藏	85734.0	81212.7	3300.3	1221.0	16618.7	12648.0
甘　肃	16907.5	15320.6	1587.0		15820.1	5494.6
青　海	43214.8	38403.0	4465.5	346.3	26640.1	18653.3
宁　夏	1480.1	1468.6		11.5	1492.6	1492.6
新　疆	47941.2	33631.4	13009.3	1300.5	22709.6	9210.0

地　区	贮草情况		打井数量	
	干草总量	青贮总量	打井	当年打井
全　国	**3688**	**2756**	**87491**	**4527**
河　北	21	63	180	60
山　西	2		24	1
内蒙古	1231	1123	77559	838
辽　宁	14	5		
吉　林	54	92	1361	552
黑龙江	97	65	92	
四　川	557	85	93	2
云　南	23	1		
西　藏	57	185	2677	1838
甘　肃	348	412	10	3
青　海	114	26	2028	525
宁　夏	35	10		
新　疆	1135	689	3467	708

天然饲草利用情况

单位：万亩、万吨、个、万平方米

轮牧		天然草地利用面积			
休牧	轮牧	合计	打贮草	刈牧兼用	其他方式利用
82782.3	20085.6	94826.8	12280.5	7205.8	75340.6
		244.2	236.9	5.6	1.7
		78.1		78.1	
55050.0	1093.3	13195.8	6870.9	1645.1	4679.8
129.7	0.0	62.7	53.9	6.1	2.7
		411.1	360.5	40.0	10.6
7970.6	2062.3	3927.1	30.8	312.5	3583.8
422.2	357.3	5.9			5.9
1484.6	2486.1	51109.0	1365.4	7.8	49735.8
8453.1	1872.5	312.3	0.6	311.7	
1164.0	6822.8	16958.6	1918.6	3620.0	11419.9
8108.2	5391.4	8522.1	1442.8	1178.9	5900.5

草场灌溉面积	井灌面积	定居点牲畜棚圈
1427.9	480.9	7475
0.5	0.4	193
0.001		4
170.4	61.1	3154
		140
204.7	44.7	210
3.2	1.2	1187
2.0	0.4	173
0.001		247
256.7		344
5.0	3.0	832
647.9	354.8	334
		358
137.6	15.4	300

2-4 各地区牧区天然

地　区	承包面积				禁牧休牧	
	累计	承包到户	承包到联户	其他承包形式	合计	禁牧
全　国	**232738.6**	**211962.2**	**18868.3**	**1908.1**	**151747.8**	**67974.1**
内　蒙	75700.4	69718.9	5834.4	147.0	79363.3	27154.0
黑龙江	197.0	16.0	181.0		197.0	197.0
四　川	13609.9	11456.1	2153.8	0.0	10820.8	5154.6
西　藏	62338.2	60219.6	1736.0	382.6	12863.2	9315.0
甘　肃	11540.1	10918.2	621.9		11423.4	2727.9
青　海	41748.9	37704.7	3868.8	175.4	25929.7	18261.9
宁　夏	716.3	704.8		11.5	716.3	716.3
新　疆	26887.9	21223.9	4472.4	1191.6	10434.1	4447.5

地　区	贮草情况		打井数量	
	干草总量	青贮总量	打井	当年打井
全　国	**1305**	**1105**	**46085**	**3542**
内　蒙	291	248	40851	503
黑龙江	24	19		
四　川	58	11		
西　藏	0.4		2675	1836
甘　肃	272	253		
青　海	110	7	1828	514
宁　夏	30	10		
新　疆	520	557	731	689

饲草利用情况

单位：万亩、万吨、个、万平方米

轮牧		天然草地利用面积			
休牧	轮牧	合计	打贮草	刈牧兼用	其他方式利用
12448.2	**71325.5**	**78497.3**	**6638.0**	**5849.7**	**66009.7**
692.3	51517.1	9301.6	4037.5	1272.8	3991.3
		197.0	197.0		
480.0	5186.2	755.5	8.6	2.0	744.9
2456.1	1092.1	48090.6			48090.6
1618.0	7077.6	0.6	0.6		
6503.8	1164.0	16389.8	1918.6	3455.0	11016.2
698.0	5288.6	3762.2	475.7	1119.9	2166.7

草场灌溉面积	井灌面积	定居点牲畜棚圈
828.8	**407.2**	**2898**
138.0	47.0	1117
		42
		17
0.4		309
		656
647.9	354.8	305
		350
42.5	5.4	101

2-5 各地区半牧区

地 区	承包面积				禁牧休牧	
	累计	承包到户	承包到联户	其他承包形式	合计	禁牧
合　计	**82641.7**	**60752.8**	**20495.5**	**1393.5**	**49426.4**	**30332.2**
河　北	1567.0	11.4	1474.9	80.7	1600.2	1600.2
山　西	78.1		78.1			
内蒙古	17147.0	12779.1	4307.0	60.9	16484.5	12550.6
辽　宁	736.0	387.2	227.8	121.0	721.3	721.3
吉　林	636.9	542.4	94.5	0.001	544.7	415.0
黑龙江	658.4	485.9	160.6	12.0	774.6	774.6
四　川	8388.4	6153.1	2234.6	0.7	6003.1	1636.4
云　南	1383.6	1128.6	255.0		1383.6	604.1
西　藏	23395.9	20993.1	1564.3	838.4	3755.5	3333.0
甘　肃	5367.4	4402.4	965.1		4396.7	2766.7
青　海	1466.0	698.3	596.7	170.9	710.4	391.4
宁　夏	763.8	763.8			776.4	776.4
新　疆	21053.3	12407.5	8536.9	108.9	12275.4	4762.5

地 区	贮草情况		打井数量	
	干草总量	青贮总量	累计	当年打井
合　计	**2383**	**1651**	**41406**	**985**
河　北	21	63	180	60
山　西	2		24	1
内蒙古	940	875	36708	335
辽　宁	14	5		
吉　林	54	92	1361	552
黑龙江	73	46	92	
四　川	500	74	93	2
云　南	23	1		
西　藏	57	185	2	2
甘　肃	77	159	10	3
青　海	4	19	200	11
宁　夏	5			
新　疆	615	132	2736	19

天然饲草利用情况

单位：万亩、万吨、个、万平方米

轮牧		天然草地利用面积			
休牧	轮牧	合计	打贮草	刈牧兼用	其他方式利用
11456.8	**7637.4**	**16329.5**	**5642.5**	**1356.1**	**9330.9**
		244.2	236.9	5.6	1.7
		78.1		78.1	
3532.9	401.0	3894.3	2833.5	372.3	688.5
129.7	0.001	62.7	53.9	6.1	2.7
		214.1	163.5	40.0	10.6
2784.4	1582.3	3171.5	22.2	310.5	2838.9
422.2	357.3	5.9			5.9
392.5	30.0	3018.4	1365.4	7.8	1645.2
1375.6	254.5	311.7		311.7	
	319.0	568.8		165.0	403.8
2819.6	4693.4	4759.9	967.1	59.0	3733.8

草场灌溉面积	井灌面积	定居点牲畜棚圈
599.1	**73.7**	**4577**
0.5	0.4	193
0.0		4
32.4	14.1	2037
		140
204.7	44.7	210
3.2	1.2	1145
2.0	0.4	156
0.0		247
256.3		35
5.0	3.0	175
		28
		8
95.0	10.0	198

第三部分

饲草种业统计

一、饲草种质资源保护情况

3-1　各地区饲草种质资源保护情况

单位：份

承担单位	总计	收集评价													鉴定评价			无性及特殊材料保存	生活力监测	复检入库	分发利用
		栽培			野生			引进			兼用	珍稀濒危	特有								
		小计	一年	多年	小计	一年	多年	小计	一年	多年											
中国农业科学院北京畜牧兽医研究所	83							83		83											313
中国农业科学院草原研究所	20				20		20														
中国热带农业科学院热带作物品种资源研究所	30				21	2	19	9		9							400	200			187
牧草种质资源保存中心	392							31	31	361								2905	525		1082
总　计	525				41	2	39	92	31	453							400	3105	525		1582

二、审定通过

3-2　2020年全国草品种审定

序号	科	属	种	品种名称	品种类别
1	豆科	苜蓿属	紫花苜蓿	杰斯顿（Gemstone）	引进品种
2	豆科	柱花草属	圭亚那柱花草	热研 22 号	育成品种
3	豆科	黄芪属	斜茎黄芪 - 膜荚黄芪杂交种	春疆 1 号	育成品种
4	禾本科	黑麦属	黑麦	甘农 1 号	育成品种
5	禾本科	燕麦属	燕麦	苏特（Shooter）	引进品种
6	豆科	苜蓿属	紫花苜蓿	翠博雷（Triple play）	引进品种
7	豆科	苜蓿属	紫花苜蓿	WL656HQ	引进品种
8	禾本科	雀麦属	扁穗雀麦	川西	野生栽培品种
9	禾本科	小黑麦属	小黑麦	冀饲 4 号	育成品种

草品种名录

委员会审定通过草品种名录

申报单位	申报者	适宜区域
西北农林科技大学草业与草原学院 / 甘肃亚盛田园牧歌草业集团有限责任公司 / 北京正道农业股份有限公司 / 蓝德雷（北京）贸易有限公司	呼天明 / 李元昊 / 邵进翚 / 晏荣 / 赵娜	适宜在我国的西北、华北和内蒙古西部等地区种植
中国热带农业科学院热带作物品种资源研究所 / 海南大学	严琳玲 / 白昌军 / 刘国道 / 罗丽娟 / 刘攀道	适于年降水量 600 毫米以上、年均温 17 ~ 25℃ 的热带、亚热带地区推广种植
内蒙古自治区草原工作站	赵景峰 / 夏红岩 / 王智勇 / 高霞 / 王梓伊	适于无霜期 120 天以上的西辽河流域、内蒙古境内黄河流域及阴山南麓种植
甘肃农业大学	杜文华 / 田新会 / 孙会东 / 宋谦 / 郭艳红	适宜于青藏高原地区种植
四川省草原科学研究院 / 四川农业大学 / 北京正道农业股份有限公司	张建波 / 马啸 / 李敏 / 游明鸿 / 黄琦	适宜在我国四川、贵州、重庆等地区种植
贵州省草业研究所 / 北京正道农业股份有限公司 / 个旧市畜牧技术推广站 / 建水县畜牧技术推广站	吴佳海 / 朱雷 / 钟理 / 许娅虹 / 周建雄	适宜在四川中东部年降水量 1000 毫米以上的地区种植
云南农业大学 / 北京正道农业股份有限公司 / 贵州省草地技术试验推广站	姜华 / 吴晓祥 / 赵利 / 袁中华 / 朱欣	适合海拔 400 ~ 1000 米、年降水量 1000 毫米左右的长江流域及相似气候区域种植
四川农业大学 / 四川省草原科学研究院	马啸 / 苟文龙 / 彭燕 / 刘伟 / 聂刚	适宜于长江中上游及云贵高原海拔 1000 ~ 3000 米的高原、丘陵和山地种植
河北省农林科学院旱作农业研究所	刘贵波 / 游永亮 / 李源 / 赵海明 / 武瑞鑫	适于黄淮海区域作为冬闲田利用，也可在长江流域秋播利用

3-2 2020年全国草品种审定

序号	科	属	种	品种名称	品种类别
10	豆科	胡枝子属	尖叶胡枝子	中草 16 号	育成品种
11	禾本科	黑麦草属	多花黑麦草	安第斯（Andes）	引进品种
12	豆科	苜蓿属	杂花苜蓿	公农 6 号	育成品种
13	禾本科	狗牙根属	狗牙根	桂南	野生栽培品种
14	禾本科	结缕草属	中华结缕草 - 沟叶结缕草杂交种	苏植 4 号	育成品种
15	禾本科	高粱属	苏丹草 - 拟高粱杂交种	苏牧 3 号	育成品种
16	豆科	黧豆属	狗爪豆	闽南	野生栽培品种
17	禾本科	赖草属	羊草	龙牧 1 号	育成品种
18	禾本科	燕麦属	燕麦	陇燕 5 号	育成品种
19	豆科	苜蓿属	紫花苜蓿	乐金德（LegenDairy XHD）	引进品种
20	豆科	苜蓿属	紫花苜蓿	歌纳（Gunner）	引进品种

委员会审定通过草品种名录（续）

申报单位	申报者	适宜区域
中国农业科学院草原研究所 / 东北农业大学 / 中国农业科学院农业资源与农业区划研究所	陶雅 / 赵金梅 / 孙雨坤 / 徐丽君 / 李峰	适于我国西北、华北、东北等干旱、半干旱、半湿润的平原地区和山地草原区种植
四川农业大学	张新全 / 杨忠富 / 黄琳凯 / 李鸿祥 / 冯光燕	适宜在我国西南、华中、华东地区种植
吉林省农业科学院	耿慧 / 王志锋 / 王英哲 / 徐安凯 / 刘卓	适于我国东北三省及内蒙古东部地区种植
中国热带农业科学院热带作物品种资源研究所 / 海南大学	黄春琼 / 刘国道 / 罗丽娟 / 王文强 / 杨虎彪	适用于长江中下游及以南地区作为景观绿化和水土保持草坪建植
江苏省中国科学院植物研究所 / 中国科学院华南植物园	郭海林 / 陈静波 / 宗俊勤 / 刘建秀 / 简曙光	适宜于我国北京及以南地区等地作为观赏草坪、公共绿地、运动场草坪以及保土草坪建植
江苏省农业科学院畜牧研究所	钟小仙 / 吴娟子 / 顾洪如 / 张建丽 / 钱晨	适宜在我国江苏南京及其以南地区作为多年生牧草种植，其他适于苏丹草种植的地区可作为一年生牧草种植
福建省农业科学院农业生态研究所	应朝阳 / 陈志彤 / 李春燕 / 陈恩 / 黄毅斌	适于我国南亚热带地区作为饲草、绿肥及水土保持利用种植
黑龙江省农业科学院畜牧兽医分院	李红 / 杨曌 / 杨伟光 / 李莎莎 / 刘昭明	适宜在我国东北、内蒙古东部地区推广种植
甘肃农业大学	赵桂琴 / 柴继宽 / 曾亮 / 慕平 / 周向睿	适宜在甘肃、青海、川西北高原等冷凉地区种植
内蒙古农业大学草原与资源环境学院 / 北京普瑞牧农业科技有限公司 / 北京正道农业股份有限公司 / 蓝德雷（北京）贸易有限公司	石凤翎 / 刘文奇 / 邵进翚 / 齐丽娜 / 晏荣	适宜在我国华北、东北南部地区种植
新疆农业大学 / 北京正道农业股份有限公司 / 蓝德雷（北京）贸易有限公司 / 新疆大漠工匠环境科技有限公司	张博 / 邵进翚 / 赵利 / 晏荣 / 苗福红	适宜在我国华北中部及气候相似的西北地区种植

三、饲草种子

3-3　2016-2020年全国分

饲草种类	饲草类型	2016		2017	
		面积	种子产量	面积	种子产量
合　计		**126.33**	**70820.7**	**145.98**	**70916.9**
	多年生	**98.45**	**29894.2**	**92.73**	**26080.0**
冰草		0.43	42.0	0.10	1.0
串叶松香草				0.03	21.0
多年生黑麦草		0.38	159.6	0.66	143.9
狗尾草（多年生）		0.52	12.0	1.00	10.0
红豆草		1.99	1260.0	2.22	1125.8
红三叶					
菊苣		0.08	8.6	0.08	8.6
狼尾草（多年生）				0.06	7.5
老芒麦		10.85	3603.5	6.30	2607.0
罗顿豆		0.01	1.8	0.01	1.7
猫尾草		0.31	45.0	0.10	30.0
木豆					
牛鞭草					
披碱草		17.43	9830.6	14.01	8208.2
旗草（臂形草）		0.05	10.0	0.11	1.1
雀稗		0.20	100.0	0.20	40.0
三叶草		0.14	35.9	0.35	34.0
沙打旺		1.50	312.5	1.00	162.5
小冠花					
苇状羊茅		0.10	20.0		
无芒雀麦					

生产情况

种类饲草种子生产情况

单位：万亩、吨

2018		2019		2020	
面积	种子产量	面积	种子产量	面积	种子产量
143.94	**92120.3**	**138.42**	**92083.1**	**107.75**	**91933.5**
90.92	**28972.3**	**65.91**	**20332.0**	**50.01**	**21438.9**
0.27	2.7	0.27	10.8	0.00	0.2
0.03	21.0	0.03	19.2	0.02	12.0
0.18	93.7	0.21	96.0	0.41	188.5
0.16	65.5	0.23	83.0	0.39	102.2
1.42	719.6	1.38	721.7	0.28	139.0
				0.02	3.5
0.08	9.4				
0.32	565.0	0.33	1824.0	0.28	1565.5
6.21	2523.5	0.75	415.0	0.30	165.0
0.01	1.7			0.01	1.7
0.10	30.0	0.20	50.0	0.20	50.0
0.02	2.4	0.02	24.0		
0.20	100.0				
10.85	5602.0	7.45	3982.5	2.25	3184.7
1.80	360.0			0.02	0.7
0.83	512.5	0.20	40.0	0.43	116.0
0.08	13.9	0.01	2.8		
1.00	192.5				64.0
0.20	50.0	0.20	50.0	0.20	50.0
		0.05	25.0	0.05	50.0

3-3 2016-2020 年全国分

饲草种类	饲草类型	2016		2017	
		面积	种子产量	面积	种子产量
鸭茅		0.51	100.1	0.51	103.5
羊草		6.09	748.0	4.14	478.2
野豌豆		0.04			
圆叶决明		0.01	1.5	0.01	1.5
早熟禾				2.19	310.5
柱花草					
紫花苜蓿		52.62	12577.4	57.35	12216.5
柠条		0.15	25.0		
其他多年生饲草		5.05	1000.8	2.51	607.5
	一年生	**28.08**	**41026.6**	**53.25**	**44836.96**
草谷子				3.20	4352.0
草木樨		0.10	30.0	0.30	90.0
大麦				0.10	120.0
黑麦		0.32	642.0	0.10	183.0
多花黑麦草		0.70	294.2	4.73	1200.7
箭筈豌豆		4.21	3943.5	3.90	3850.0
苦荬菜				0.02	3.0
马唐				0.00	0.3
毛苕子（非绿肥）		4.32	1533.1	3.82	1576.5
墨西哥类玉米		0.03	12.0	2.41	364.0
苏丹草		0.22	247.0	8.01	4002.5
小黑麦		5.10	7900.0	3.00	4500.0
饲用燕麦		12.67	25882.5	14.04	20978.0
紫云英（非绿肥）				2.26	548.0
其他一年生饲草		0.22	442.3	7.16	3029.0

种类饲草种子生产情况（续）

2018		2019		2020	
面积	种子产量	面积	种子产量	面积	种子产量
0.62	137.5	0.11	33.5	0.14	42.5
0.96	212.0	3.32	386.0	3.08	370.2
0.01	1.5				
0.48	158.8				
0.09	21.0	0.09	21.0	0.08	18.5
65.18	17073.2	50.67	12168.1	40.40	11707.2
0.66	1015.6	0.40	379.5	1.44	3557.0
53.02	**63148.0**	**72.51**	**71751.1**	**57.73**	**70494.7**
0.05	150.0				
0.31	582.0	0.03	36.5	0.09	280.3
0.32	162.2	0.24	120.4	0.24	120.3
3.00	3349.0	1.63	1579.2	5.20	7800.0
2.57	1515.5	1.36	577.0	7.20	3586.0
				0.01	100.0
9.62	4810.0	13.25	6818.2	8.52	4520.3
3.74	4159.9	4.50	6964.2	0.14	350.0
22.42	43075.0	43.60	51886.0	34.02	51633.5
0.98	425.0	0.33	150.2	0.35	1205.1
9.18	4407.0	7.59	3619.5	1.96	899.2

3-4　全国及牧区半牧区分种类饲草种子生产情况

单位：万亩、千克/亩、吨

区　域	饲草种类	饲草类型	种子田面积	平均产量	草场采种量	种子产量	种子销售量
全　国			**107.75**	**85**	**8507.7**	**91933.5**	**19499.4**
		多年生	**50.01**	**43**	**7161.4**	**21438.9**	**3759.9**
	冰草		0.00	10		0.2	
	串叶松香草		0.02	60		12.0	
	多年生黑麦草		0.41	46		188.5	16.3
	狗尾草		0.39	15	45.0	102.2	10.0
	红豆草		0.28	50	50.0	189.0	70.0
	红三叶		0.02	18		3.5	
	狼尾草		0.28	533	79.5	1565.5	55.5
	老芒麦		0.30	55		165.0	
	罗顿豆		0.01	34		1.7	
	猫尾草		0.20	25		50.0	25.0
	柠条				40.0	40.0	
	披碱草		2.25	43	2230.3	3184.7	5.2
	旗草		0.02	3	0.1	0.7	
	雀稗		0.43	27		116.0	
	沙打旺				64.0	64.0	
	无芒雀麦		0.05	50	25.0	50.0	25.0
	小冠花		0.20	25		50.0	40.0
	鸭茅		0.14	30		42.5	22.0
	羊草		3.08	10	64.0	370.2	67.0
	柱花草		0.08	23		18.5	1.3
	紫花苜蓿		40.42	29	2094.5	11707.7	2377.7
	其他多年生饲草		1.44	73	2469.0	3517.0	1045.0
		一年生	**57.73**	**120**	**1346.3**	**70494.7**	**15739.5**
	多花黑麦草		0.24	51		120.3	1.8
	黑麦		0.09	301	0.3	280.3	264.5

3-4　全国及牧区半牧区分种类饲草种子生产情况（续）

单位：万亩、千克/亩、吨

区　域	饲草种类	饲草类型	种子田面积	平均产量	草场采种量	种子产量	种子销售量
	箭筈豌豆		5.20	150		7800.0	7800.0
	毛苕子（非绿肥）		7.20	41	661.0	3586.0	1650.0
	墨西哥类玉米		0.01	1000		100.0	0.0
	苏丹草		8.52	52	80.0	4520.3	200.2
	小黑麦		0.14	250		350.0	
	饲用燕麦		34.02	152		51633.5	5513.0
	紫云英（非绿肥）		0.35	172	600.0	1205.1	300.0
	其他一年生饲草		1.96	46	5.1	899.2	10.0
牧区半牧区			**59.14**	**67**	**2687.3**	**42245.6**	**1905.9**
		多年生	**21.29**	**36**	**2521.3**	**7755.8**	**605.9**
	冰草		0.00	10		0.2	
	红豆草		0.02	80	50.0	66.0	
	红三叶		0.01	20		2.0	
	老芒麦		0.30	55		165.0	
	猫尾草		0.20	25		50.0	25.0
	披碱草		2.23	43	2230.3	3180.7	1.2
	无芒雀麦		0.05	50	25.0	50.0	25.0
	羊草		2.18	10	39.0	255.2	57.0
	紫花苜蓿		15.60	23	7.0	3061.7	497.7
	其他多年生饲草		0.70	22	170.0	325.0	0.0
		一年生	**37.85**	**92**	**166.0**	**35089.8**	**1300.0**
	苏丹草		7.20	50		3600.0	200.0
	毛苕子（非绿肥）		6.40	43	161.0	2926.0	1010.0
	饲用燕麦		22.43	124		27800.4	90.0

3-4 全国及牧区半牧区分种类饲草种子生产情况（续）

单位：万亩、千克/亩、吨

区　域	饲草种类	饲草类型	种子田面积	平均产量	草场采种量	种子产量	种子销售量
牧　区	其他一年生饲草		1.82	42	5.0	763.4	
			17.75	**46**	**2423.5**	**10529.1**	**1080.7**
		多年生	**7.32**	**25**	**2423.5**	**4278.7**	**190.7**
	冰草		0.00	10		0.2	
	老芒麦		0.30	55		165.0	
	披碱草		0.70	38	2228.5	2497.7	0.0
	无芒雀麦		0.05	50	25.0	50.0	25.0
	紫花苜蓿		5.56	22		1240.9	165.7
	其他多年生饲草		0.70	22	170.0	325.0	
		一年生	**10.43**	**60**		**6250.4**	**890.0**
	苏丹草		7.20	50		3600.0	200.0
	饲用燕麦		0.43	291		1250.4	90.0
	毛苕子（非绿肥）		2.80	50		1400.0	600.0
半牧区			**41.39**	**77**	**263.8**	**31716.5**	**825.2**
		多年生	**13.98**	**21**	**97.8**	**2877.1**	**415.2**
	红豆草		0.02	80	50.0	66.0	
	红三叶		0.01	20		2.0	
	猫尾草		0.20	25		50.0	25.0
	披碱草		1.53	45	1.8	683.1	1.2
	羊草		2.18	10	39.0	255.2	57.0
	紫花苜蓿		10.04	19	7.0	1820.8	332.0
		一年生	**27.42**	**105**	**166.0**	**28839.4**	**410.0**
	毛苕子（非绿肥）		3.60	38	161.0	1526.0	410.0
	饲用燕麦		22.00	121		26550.0	
	其他一年生饲草		1.82	42	5.0	763.4	

3-5　各地区分种类饲草种子生产情况

单位：万亩、千克/亩、吨

地　区	饲草种类	种子田面积	平均产量	草场采种量	种子产量	种子销售量
合　计		107.75	85	8507.7	91933.5	19499.4
河　北		0.03	25	1.8	8.1	1.2
	披碱草	0.03	25	1.8	8.1	1.2
内蒙古		9.28	15	142.5	1568.6	557.7
	冰草	0.00	10		0.2	
	披碱草	0.00	10		0.2	
	紫花苜蓿	8.77	16	92.5	1483.2	557.7
	其他多年生饲草	0.50	7	50.0	85.0	
吉　林		3.30	12	71.0	450.7	67.0
	羊草	3.08	10	64.0	370.2	67.0
	紫花苜蓿	0.21	34	2.0	72.5	
	其他一年生饲草	0.02	20	5.0	8.0	
黑龙江		0.20	40	5.0	85.0	
	紫花苜蓿	0.20	40	5.0	85.0	
福　建		0.25	32		80.0	
	雀稗	0.25	32		80.0	
山　东		0.75	23		172.5	125.0
	紫花苜蓿	0.75	23		172.5	125.0
河　南		0.33	189	600.1	1220.1	308.0
	串叶松香草	0.02	60		12.0	
	黑麦	0.01	100	0.1	8.1	8.0
	紫云英（非绿肥）	0.30	200	600.0	1200.0	300.0
湖　北		0.80	36		288.1	45.1
	多花黑麦草	0.04	53		20.3	1.8
	多年生黑麦草	0.41	46		186.7	16.3
	狗尾草	0.13	4		5.2	5.0
	红三叶	0.01	15		1.5	
	苏丹草	0.08	43		35.4	
	鸭茅	0.13	30		39.0	22.0

3-5 各地区分种类饲草种子生产情况（续）

单位：万亩、千克/亩、吨

地 区	饲草种类	种子田面积	平均产量	草场采种量	种子产量	种子销售量
湖 南		**1.85**	**102**	**92.8**	**1991.2**	**296.7**
	黑麦	0.09	320	0.2	272.2	256.5
	狼尾草	0.13	34	8.5	53.5	15.0
	罗顿豆	0.01	34		1.7	
	墨西哥类玉米	0.01	1000		100.0	0.0
	苏丹草	1.24	65	80.0	884.9	0.2
	紫云英（非绿肥）	0.05	10		5.1	
	其他多年生饲草	0.19	286	4.0	538.0	15.0
	其他一年生饲草	0.15	94	0.1	135.8	10.0
广 西		**0.14**	**1000**		**1400.0**	
	狼尾草	0.14	1000		1400.0	
海 南		**0.18**	**58**	**940.0**	**1044.5**	**801.3**
	柱花草	0.08	23		18.5	1.3
	其他多年生饲草	0.10	86	940.0	1026.0	800.0
四 川		**9.44**	**45**	**1466.0**	**5672.1**	**1300.0**
	多年生黑麦草	0.00	60		1.8	
	老芒麦	0.30	55		165.0	
	毛苕子（非绿肥）	6.40	43	161.0	2926.0	1010.0
	披碱草	0.40	50		200.0	
	鸭茅	0.01	35		3.5	
	饲用燕麦	0.08	113		90.4	90.0
	其他多年生饲草	0.45	50	1305.0	1530.0	200.0
	其他一年生饲草	1.80	42		755.4	
贵 州		**0.39**	**57**	**121.0**	**346.0**	**70.5**
	多花黑麦草	0.20	50		100.0	
	狼尾草	0.01	586	71.0	112.0	40.5
	雀稗	0.18	20		36.0	
	其他多年生饲草	0.01	800	50.0	98.0	30.0
云 南		**1.08**	**20**	**545.1**	**757.7**	**645.0**

3-5　各地区分种类饲草种子生产情况（续）

单位：万亩、千克/亩、吨

地　区	饲草种类	种子田面积	平均产量	草场采种量	种子产量	种子销售量
	狗尾草	0.26	20	45.0	97.0	5.0
	毛苕子（非绿肥）	0.80	20	500.0	660.0	640.0
	旗草	0.02	3	0.1	0.7	
陕　西		**2.02**	**24**	**104.0**	**590.0**	**170.0**
	柠条			40.0	40.0	
	沙打旺			64.0	64.0	
	小冠花	0.20	25		50.0	40.0
	紫花苜蓿	1.82	24		436.0	130.0
甘　肃		**36.59**	**68**	**2045.0**	**25047.5**	**12814.0**
	红豆草	0.28	50	50.0	189.0	70.0
	红三叶	0.01	20		2.0	
	箭筈豌豆	5.20	150		7800.0	7800.0
	猫尾草	0.20	25		50.0	25.0
	披碱草	0.02	20		4.0	4.0
	饲用燕麦	4.14	203		8389.5	3400.0
	紫花苜蓿	26.74	32	1995.0	8613.0	1515.0
青　海		**12.80**	**196**	**2348.5**	**27366.1**	**2020.0**
	披碱草	1.80	41	2228.5	2972.5	0.0
	饲用燕麦	10.80	224		24153.6	2020.0
	其他多年生饲草	0.20	60	120.0	240.0	
宁　夏		**26.76**	**86**		**23041.5**	**253.0**
	苏丹草	7.20	50		3600.0	200.0
	小黑麦	0.14	250		350.0	
	饲用燕麦	19.00	100		19000.0	3.0
	紫花苜蓿	0.42	22		91.5	50.0
新　疆		**1.56**	**50**	**25.0**	**804.0**	**25.0**
	紫花苜蓿	1.51	50	0.0	754.0	
	无芒雀麦	0.05	50	25.0	50.0	25.0

3-6 各地区牧区半牧区分种类饲草种子生产情况

单位：万亩、千克/亩、吨

地　区	饲草种类	种子田面积	平均产量	草场采种量	种子产量	种子销售量
合　计		**59.14**	**67**	**2687.3**	**42245.6**	**1905.9**
河　北		**0.03**	**25**	**1.8**	**8.1**	**1.2**
	披碱草	0.03	25	1.8	8.1	1.2
内蒙古		**7.28**	**11**	**55.0**	**881.1**	**417.7**
	冰草	0.00	10		0.2	
	披碱草	0.00	10		0.2	
	紫花苜蓿	6.77	12	5.0	795.7	417.7
	其他多年生饲草	0.50	7	50.0	85.0	
吉　林		**2.33**	**11**	**46.0**	**297.7**	**57.0**
	羊草	2.18	10	39.0	255.2	57.0
	紫花苜蓿	0.13	25	2.0	34.5	
	其他一年生饲草	0.02	20	5.0	8.0	
四　川		**8.98**	**44**	**161.0**	**4136.8**	**1100.0**
	老芒麦	0.30	55		165.0	
	毛苕子（非绿肥）	6.40	43	161.0	2926.0	1010.0
	披碱草	0.40	50		200.0	
	饲用燕麦	0.08	113		90.4	90.0

3-6　各地区牧区半牧区分种类饲草种子生产情况（续）

单位：万亩、千克/亩、吨

地　区	饲草种类	种子田面积	平均产量	草场采种量	种子产量	种子销售量
	其他一年生饲草	1.80	42		755.4	0.0
甘　肃		**9.48**	**60**	**50.0**	**5708.0**	**105.0**
	红豆草	0.02	80	50.0	66.0	
	红三叶	0.01	20		2.0	
	猫尾草	0.20	25		50.0	25.0
	饲用燕麦	2.05	201		4110.0	
	紫花苜蓿	7.20	21		1480.0	80.0
青　海		**3.80**	**157**	**2348.5**	**8312.5**	
	披碱草	1.80	41	2228.5	2972.5	
	饲用燕麦	1.80	283		5100.0	
	其他多年生饲草	0.20	60	120.0	240.0	
宁　夏		**25.70**	**86**		**22100.0**	**200.0**
	苏丹草	7.20	50		3600.0	200.0
	饲用燕麦	18.50	100		18500.0	
新　疆		**1.55**	**50**	**25.0**	**801.5**	**25.0**
	无芒雀麦	0.05	50	25.0	50.0	25.0
	紫花苜蓿	1.50	50		751.5	

3-7 各地区牧区分种类饲草种子生产情况

单位：万亩、千克/亩、吨

地　区	饲草种类	种子田面积	平均产量	草场采种量	种子产量	种子销售量
合　计		**17.75**	**46**	**2423.5**	**10529.1**	**1080.7**
内蒙古		**4.57**	**12**	**50.0**	**576.3**	**165.7**
	冰草	0.00	10		0.2	
	披碱草	0.00	10		0.2	
	紫花苜蓿	4.06	12		490.9	165.7
	其他多年生饲草	0.50	7	50.0	85.0	
四　川		**3.58**	**52**		**1855.4**	**690.0**
	老芒麦	0.30	55		165.0	
	饲用燕麦	0.08	113		90.4	90.0
	披碱草	0.40	50		200.0	
	毛苕子（非绿肥）	2.80	50		1400.0	600.0
甘　肃		**0.05**	**220**		**110.0**	
	饲用燕麦	0.05	220		110.0	
青　海		**0.80**	**155**	**2348.5**	**3587.5**	
	披碱草	0.30	23	2228.5	2297.5	
	饲用燕麦	0.30	350		1050.0	
	其他多年生牧草	0.20	60	120.0	240.0	
宁　夏		**7.20**	**50**		**3600.0**	**200.0**
	苏丹草	7.20	50		3600.0	200.0
新　疆		**1.55**	**50**	**25.0**	**800.0**	**25.0**
	无芒雀麦	0.05	50	25.0	50.0	25.0
	紫花苜蓿	1.50	50		750.0	

3-8　各地区半牧区分种类饲草种子生产情况

单位：万亩、千克/亩、吨

地　　区	饲草种类	种子田面积	平均产量	草场采种量	种子产量	种子销售量
合　计		**41.39**	**77**	**263.8**	**31716.5**	**825.2**
河　北		**0.03**	**25**	**1.8**	**8.1**	**1.2**
	披碱草	0.03	25	1.8	8.1	1.2
内蒙古		**2.71**	**11**	**5.0**	**304.8**	**252.0**
	紫花苜蓿	2.71	11	5.0	304.8	252.0
吉　林		**2.33**	**11**	**46.0**	**297.7**	**57.0**
	羊草	2.18	10	39.0	255.2	57.0
	紫花苜蓿	0.13	25	2.0	34.5	
	其他一年生饲草	0.02	20	5.0	8.0	
四　川		**5.40**	**39**	**161.0**	**2281.4**	**410.0**
	毛苕子（非绿肥）	3.60	38	161.0	1526.0	410.0
	其他一年生饲草	1.80	42		755.4	
甘　肃		**9.43**	**59**	**50.0**	**5598.0**	**105.0**
	红豆草	0.02	80	50.0	66.0	
	猫尾草	0.20	25		50.0	25.0
	红三叶	0.01	20		2.0	
	饲用燕麦	2.00	200		4000.0	
	紫花苜蓿	7.20	21		1480.0	80.0
青　海		**3.00**	**158**		**4725.0**	
	饲用燕麦	1.50	270		4050.0	
	披碱草	1.50	45		675.0	
宁　夏		**18.50**	**100**		**18500.0**	
	饲用燕麦	18.50	100		18500.0	
新　疆		**0.00**	**50**		**1.5**	
	紫花苜蓿	0.00	50		1.5	

第四部分

饲草生产统计

一、饲草种植情况

4-1　全国及牧区半牧区饲草种植情况

指　　标		单位	全国	牧区半牧区		
				合计	牧区	半牧区
人工种草年末保留面积		万亩	13421.4	5679.6	2746.2	2933.4
人工种草当年新增面积	合计	万亩	6850.0	2326.3	839.8	1486.5
	一年生	万亩	6043.3	1963.3	641.4	1321.9
	多年生	万亩	806.7	363.0	198.4	164.6
当年耕地种草面积		万亩	3960.9	927.1	326.7	600.4
干草平均产量		千克/亩	746	529	408	643
干草生产量		万吨	10015.5	3005.9	1121.2	1884.8

4-2 各地区饲草种植情况

单位：万亩

地　区	人工种草年末保留面积	人工种草当年新增面积			当年耕地种草面积
		合计	一年生	多年生	
合　计	13421.49	6850.01	6043.31	806.70	3960.85
天　津	31.24	29.18	29.18		29.18
河　北	434.74	377.19	358.49	18.70	334.10
山　西	201.36	136.76	127.76	9.00	113.92
内蒙古	3115.14	1618.28	1473.38	144.90	659.17
辽　宁	113.24	98.77	87.77	11.00	22.98
吉　林	230.86	94.12	88.52	5.60	8.71
黑龙江	294.67	122.85	110.05	12.80	39.71
江　苏	34.31	33.74	33.64	0.10	28.79
安　徽	145.18	140.19	134.99	5.20	128.98
福　建	16.01	10.11	8.71	1.40	5.69
江　西	50.09	36.22	31.12	5.10	28.30
山　东	185.02	179.61	177.11	2.50	152.25
河　南	159.78	148.79	140.69	8.10	111.11
湖　北	222.29	120.11	108.71	11.40	76.09
湖　南	260.88	154.28	129.78	24.50	86.50

4-2　各地区饲草种植情况（续）

单位：万亩

地　区	人工种草年末保留面积	人工种草当年新增面积			当年耕地种草面积
		合计	一年生	多年生	
广　东	45.33	26.96	19.16	7.80	14.82
广　西	70.91	34.01	23.81	10.20	21.96
海　南	2.89	0.21	0.01	0.20	
重　庆	49.24	31.61	28.81	2.80	24.71
四　川	1188.28	544.59	502.49	42.10	394.64
贵　州	263.09	150.18	115.08	35.10	112.14
云　南	917.15	490.50	422.70	67.80	384.18
西　藏	103.66	72.40	57.50	14.90	13.57
陕　西	686.86	183.62	150.72	32.90	104.64
甘　肃	2431.93	792.98	642.68	150.30	355.92
青　海	393.07	279.34	205.24	74.10	155.74
宁　夏	797.22	303.85	271.95	31.90	226.43
新　疆	874.05	584.63	516.23	68.40	292.40
新疆兵团	49.84	29.08	22.98	6.10	12.60
黑龙江农垦	53.16	25.95	24.05	1.90	21.62

4-3 各地区牧区半牧区饲草种植情况

单位：万亩

地 区	人工种草年末保留面积	人工种草当年新增面积			当年耕地种草面积
		合计	一年生	多年生	
合 计	5679.58	2326.29	1963.29	363.00	927.06
河 北	98.09	77.84	71.42	6.42	48.52
山 西	7.70	7.00	7.00		
内蒙古	2474.88	1151.44	1023.81	127.63	375.31
辽 宁	64.84	55.19	44.45	10.74	18.80
吉 林	145.20	20.47	15.83	4.64	5.07
黑龙江	221.08	59.54	55.71	3.83	19.82
四 川	717.15	202.60	186.38	16.22	185.24
云 南	143.08	25.50	21.86	3.64	23.15
西 藏	65.46	49.47	41.19	8.28	9.19
甘 肃	863.04	240.52	189.03	51.49	79.67
青 海	272.05	176.80	104.15	72.65	53.22
宁 夏	269.13	99.65	89.73	9.92	47.01
新 疆	337.89	160.28	112.73	47.55	62.07

4-4 各地区牧区饲草种植情况

单位：万亩

地 区	人工种草年末保留面积	人工种草当年新增面积			当年耕地种草面积
		合计	一年生	多年生	
合 计	2746.22	839.82	641.39	198.43	326.67
内蒙古	1322.10	381.41	321.27	60.14	150.20
黑龙江	25.39	11.42	11.42		11.42
四 川	310.20	49.37	41.32	8.05	38.51
西 藏	19.04	17.09	14.34	2.75	2.82
甘 肃	455.43	61.12	44.74	16.38	34.70
青 海	245.90	155.45	84.35	71.10	37.12
宁 夏	126.27	46.29	45.87	0.42	8.30
新 疆	241.89	117.64	78.09	39.55	43.59

4-5　各地区半牧区饲草种植情况

单位：万亩

地　区	人工种草年末保留面积	人工种草当年新增面积			当年耕地种草面积
		合计	一年生	多年生	
合　计	**2933.37**	**1486.47**	**1321.90**	**164.57**	**600.39**
河　北	98.09	77.84	71.42	6.42	48.52
山　西	7.70	7.00	7.00		
内蒙古	1152.78	770.03	702.54	67.49	225.11
辽　宁	64.84	55.19	44.45	10.74	18.80
吉　林	145.20	20.47	15.83	4.64	5.07
黑龙江	195.70	48.12	44.29	3.83	8.40
四　川	406.96	153.24	145.07	8.17	146.72
云　南	143.08	25.50	21.86	3.64	23.15
西　藏	46.41	32.39	26.85	5.54	6.37
甘　肃	407.61	179.40	144.29	35.11	44.97
青　海	26.15	21.30	19.80	1.50	16.10
宁　夏	142.86	53.36	43.86	9.50	38.71
新　疆	96.00	42.65	34.65	8.00	18.48

二、多年生饲草

4-6 2016-2020年全国分种类

饲草种类	2016 年		2017 年	
	年末保留面积	当年种植面积	年末保留面积	当年种植面积
合　计	**11421.5**	**1598.0**	**11447.1**	**1523.7**
白三叶	14.8	1.8	156.3	20.2
冰草	44.3	8.8	79.3	6.0
多年生黑麦草	889.9	94.7	1775.4	99.5
狗尾草（多年生）	52.9	1.6	66.1	5.5
红豆草	302.6	32.1	296.6	47.3
红三叶	0.1	0.0	51.9	3.2
碱茅	28.8	0.5	12.0	0.3
菊苣	60.2	6.7	53.8	10.4
狼尾草（多年生）	335.9	56.0	286.3	38.0
老芒麦	191.8	26.6	270.3	47.7
猫尾草	13.7	2.4	9.1	3.4

生产情况

多年生人工种草面积情况

单位：万亩

2018 年		2019 年		2020 年	
年末 保留面积	当年 种植面积	年末 保留面积	当年 种植面积	年末 保留面积	当年 种植面积
9560.0	**1194.2**	**7365.7**	**974.2**	**7378.2**	**806.7**
116.4	22.7	100.7	21.7	100.2	24.3
47.5	6.8	115.1	15.5	124.0	2.5
602.6	94.6	468.8	68.7	438.5	63.7
60.6	6.0	38.4	3.9	52.9	11.1
147.6	33.7	138.0	18.2	125.9	19.8
43.1	6.3	20.0	0.6	16.8	0.5
22.7	1.5	15.9	1.0	14.9	
48.3	4.7	35.3	3.6	28.9	3.7
218.8	36.0	150.2	46.4	138.6	29.0
279.7	11.9	212.0	4.1	128.2	2.6
10.0	2.3	11.0	7.1	10.4	

4-6　2016-2020 年全国分种类

饲草种类	2016 年		2017 年	
	年末保留面积	当年种植面积	年末保留面积	当年种植面积
牛鞭草	18.7	1.2	27.9	3.1
披碱草	951.9	133.3	953.6	190.0
旗草	20.9	2.2	29.2	4.7
雀稗	2.2	0.5	9.8	1.4
三叶草	432.5	33.4		
苇状羊茅	4.4	1.1	8.9	1.5
无芒雀麦	12.8	2.2	29.6	4.2
鸭茅	324.4	30.2	225.5	21.9
羊草	232.5	6.9	135.2	24.3
羊柴	116.1	12.6	70.6	0.6
早熟禾	4.9	0.1	1.5	1.5
柱花草	5.2	2.1	5.1	0.2
紫花苜蓿	4908.5	862.0	4805.8	731.1
其他多年生饲草	2451.5	276.1	2087.8	258.0

多年生人工种草面积情况（续）

单位：万亩

2018 年		2019 年		2020 年	
年末 保留面积	当年 种植面积	年末 保留面积	当年 种植面积	年末 保留面积	当年 种植面积
26.0	3.0	19.0	1.0	9.4	0.2
1246.9	130.6	808.5	125.9	872.6	96.9
11.6	2.0	6.3	0.0	30.2	0.8
7.5	0.8	7.4	0.6	5.5	0.5
4.9	3.6	4.6	0.4	4.3	1.5
4.6	0.4	6.7	0.7	6.6	0.1
163.9	12.2	138.5	14.3	129.9	4.6
126.3	22.7	165.0	8.0	280.0	13.1
72.5	2.0	5.0			0.0
25.4	2.8	0.1		76.0	
2.0	0.1	3.5	2.3	3.4	0.9
4616.5	548.5	3477.7	433.5	3310.0	393.6
1654.1	239.0	1418.0	196.7	1470.8	137.5

4-7 全国及牧区半牧区分种类多年生人工种草生产情况

单位：万亩、千克/亩、吨

区　域	饲草种类	年末保留面积	当年新增面积	干草平均产量	干草总产量	青贮量
全　国		**7378.16**	**806.74**	**518**	**38232482**	**4145603**
	白三叶	100.19	24.34	619	619957	63228
	冰草	123.97	2.51	396	490590	
	串叶松香草	1.35	0.03	658	8886	803
	多花木蓝	0.48	0.06	622	2966	1
	多年生黑麦草	438.54	63.68	947	4153364	343514
	狗尾草	52.93	11.08	1349	714017	213848
	狗牙根	2.35	0.08	972	22791	
	红豆草	125.91	19.78	514	646629	5900
	红三叶	16.76	0.47	621	104148	1
	胡枝子	0.45	0.13	897	4038	
	碱茅	14.93		183	27403	
	菊苣	28.87	3.68	859	247953	16251
	聚合草	0.54	0.08	688	3730	
	狼尾草	138.63	29.03	2157	2990767	678059
	老芒麦	128.17	2.60	293	375700	330
	罗顿豆	1.55	1.25	1410	21855	
	猫尾草	10.36		629	65148	
	木本蛋白饲料	8.27	1.34	1176	97180	60011
	木豆	0.48	0.07	1217	5840	
	柠条	724.25	46.92	106	768002	
	牛鞭草	9.43	0.23	1358	128003	1726
	披碱草	872.62	96.92	362	3157066	2551
	旗草	30.22	0.77	1098	331719	14932

4-7　全国及牧区半牧区分种类多年生人工种草生产情况（续）

单位：万亩、千克/亩、吨

区　域	饲草种类	年末保留面积	当年新增面积	干草平均产量	干草总产量	青贮量
	雀稗	5.48	0.55	796	43648	1800
	沙打旺	129.43	17.54	344	445513	20300
	沙蒿	0.02		15	3	
	梭梭	323.33	1.53	307	992990	
	苇状羊茅	4.26	1.46	645	27479	440
	无芒雀麦	6.63	0.05	169	11172	
	小冠花	0.56	0.01	500	2800	
	鸭茅	129.91	4.57	714	927938	91130
	羊草	280.01	13.06	119	334313	6054
	羊柴	0.00		120	1	
	银合欢	1.30	0.01	939	12201	
	杂交酸模	0.04		1250	500	
	早熟禾	76.02		280	212800	
	柱花草	3.40	0.86	1151	39164	1370
	紫花苜蓿	3310.01	393.57	503	16652722	1781330
	其他多年生牧草	276.54	68.51	1281	3541486	842024
牧区半牧区		**3716.29**	**363.00**	**340**	**12635296**	**583474**
	白三叶	3.50	0.28	1194	41796	5
	冰草	93.55	0.30	482	450966	
	多年生黑麦草	69.86	5.29	936	653722	2720
	红豆草	37.15	4.57	576	214022	3000
	红三叶	0.10		700	700	
	碱茅	14.90		183	27200	
	菊苣	13.32	0.32	807	107524	

4-7 全国及牧区半牧区分种类多年生人工种草生产情况（续）

单位：万亩、千克/亩、吨

区　域	饲草种类	年末保留面积	当年新增面积	干草平均产量	干草总产量	青贮量
	老芒麦	126.87	1.60	293	372250	330
	猫尾草	10.03		600	60198	
	柠条	607.27	45.90	101	611423	
	披碱草	840.55	91.79	362	3040979	150
	沙打旺	33.11	11.11	297	98210	
	梭梭	323.33	1.53	307	992990	
	苇状羊茅	1.00	1.00	400	4000	300
	无芒雀麦	3.05	0.05	150	4575	
	鸭茅	9.59	0.03	888	85196	
	羊草	239.82	6.23	125	298979	1000
	羊柴	0.00		120	1	
	早熟禾	76.00		280	212800	
	紫花苜蓿	1095.81	165.30	434	4759076	575969
	其他多年生牧草	117.49	27.69	510	598689	
牧区		**2104.83**	**198.43**	**298**	**6267181**	**155893**
	冰草	90.55	0.30	486	440466	
	红豆草	31.05	3.57	582	180830	
	老芒麦	87.50	0.50	286	250230	10
	柠条	431.20	22.90	84	364085	
	披碱草	621.43	82.52	327	2030821	
	沙打旺	3.70		195	7215	
	梭梭	323.33	1.53	307	992990	
	无芒雀麦	3.05	0.05	150	4575	
	羊草	4.97		150	7455	

4-7　全国及牧区半牧区分种类多年生人工种草生产情况（续）

单位：万亩、千克/亩、吨

区　　域	饲草种类	年末 保留面积	当年新增 面积	干草 平均产量	干草 总产量	青贮量
	羊柴	0.00		120	1	
	早熟禾	76.00		280	212800	
	紫花苜蓿	359.43	61.06	442	1589994	155883
	其他多年生牧草	72.62	26.00	256	185719	
半牧区		**1611.47**	**164.57**	**395**	**6368115**	**427581**
	白三叶	3.50	0.28	1194	41796	5
	冰草	3.00		350	10500	
	多年生黑麦草	69.86	5.29	936	653722	2720
	红豆草	6.10	1.00	544	33192	3000
	红三叶	0.10		700	700	
	碱茅	14.90		183	27200	
	菊苣	13.32	0.32	807	107524	
	老芒麦	39.37	1.10	310	122020	320
	猫尾草	10.03		600	60198	
	柠条	176.07	23.00	140	247338	
	披碱草	219.13	9.27	461	1010158	150
	沙打旺	29.41	11.11	309	90995	
	苇状羊茅	1.00	1.00	400	4000	300
	鸭茅	9.59	0.03	888	85196	
	羊草	234.85	6.23	124	291524	1000
	紫花苜蓿	736.37	104.24	430	3169082	420086
	其他多年生牧草	44.87	1.69	920	412970	

4-8 各地区分种类多年生人工种草生产情况

单位：万亩、千克/亩、吨

地 区	饲草种类	年末保留面积	当年新增面积	干草平均产量	干草总产量	青贮量
合 计		**7378.16**	**806.74**	**518**	**38232482**	**4145603**
天 津		**2.06**		**674**	**13857**	**35032**
	紫花苜蓿	2.06		674	13857	35032
河 北		**76.25**	**18.67**	**510**	**388999**	**107057**
	串叶松香草	0.03		750	225	800
	老芒麦	3.46	1.90	286	9888	320
	披碱草	17.04	4.60	221	37629	
	沙打旺	2.32	1.22	412	9552	
	无芒雀麦	3.54		185	6549	
	紫花苜蓿	49.86	10.95	652	325156	105937
山 西		**73.60**	**8.97**	**677**	**498050**	**32086**
	木本蛋白饲料	2.50		600	15000	
	柠条	2.62	1.02	315	8264	
	沙打旺	0.83	0.78	858	7124	
	紫花苜蓿	66.63	7.15	696	463943	32086
	其他多年生牧草	1.02	0.02	365	3720	
内蒙古		**1641.76**	**144.88**	**239**	**3921192**	**194886**
	冰草	3.48	0.25	52	1814	
	柠条	696.77	45.90	102	712423	
	披碱草	60.97		200	121943	
	沙打旺	19.40	0.50	248	48035	
	梭梭	323.33	1.53	307	992990	
	羊草	0.001		7	0.07	
	羊柴	0.001		120	1	
	紫花苜蓿	495.39	94.90	408	2019452	194886
	其他多年生牧草	42.42	1.80	58	24534	
辽 宁		**25.47**	**11.04**	**539**	**137371**	**13723**
	串叶松香草	0.004		2000	80	
	沙打旺	12.59	10.59	380	47823	
	紫花苜蓿	12.88	0.46	695	89468	13723
吉 林		**142.34**	**5.57**	**122**	**173488**	**9151**

4-8　各地区分种类多年生人工种草生产情况（续）

单位：万亩、千克/亩、吨

地　区	饲草种类	年末保留面积	当年新增面积	干草平均产量	干草总产量	青贮量
黑龙江	碱茅	11.00		70	7700	
	无芒雀麦	0.04		120	48	
	羊草	100.90	3.21	101	101718	5560
	紫花苜蓿	30.40	2.36	211	64021	3591
	184.62	**12.83**	**149**	**275464**	**300**	
江　苏	狗尾草	0.30		300	900	
	披碱草	4.60		172	7922	
	沙打旺	0.002	0.002	1500	30	300
	羊草	157.54	9.55	134	210979	
	紫花苜蓿	22.15	3.26	250	55432	
	其他多年生牧草	0.02	0.02	1000	200	
	0.67	**0.11**	**800**	**5334**	**18**	
安　徽	白三叶	0.30	0.001	511	1542	
	串叶松香草	0.002		1000	20	3
	多年生黑麦草	0.08	0.03	1028	812	10
	狗尾草	0.01	0.002	2438	195	
	菊苣	0.05	0.04	1372	617	5
	紫花苜蓿	0.23	0.03	929	2147	
	10.19	**5.20**	**361**	**36823**	**120846**	
福　建	白三叶	0.02	0.01	219	35	19
	多年生黑麦草	1.59	0.61	408	6469	161
	狗尾草	0.67	0.17	268	1788	72
	狗牙根	0.09	0.02	272	231	
	菊苣	2.17	1.04	402	8733	6700
	木本蛋白饲料	0.51	0.51	1825	9364	170
	牛鞭草	0.01	0.002	650	39	23
	苇状羊茅	0.50		200	1000	140
	紫花苜蓿	4.65	2.85	197	9164	113561
	7.30	**1.44**	**2151**	**157055**	**10341**	
	多年生黑麦草	0.92	0.06	2518	23170	
	狗尾草	0.70	0.12	950	6670	5660
	胡枝子	0.30		1200	3600	

4-8　各地区分种类多年生人工种草生产情况（续）

单位：万亩、千克/亩、吨

地　区	饲草种类	年末保留面积	当年新增面积	干草平均产量	干草总产量	青贮量
	狼尾草	3.70	1.20	2741	101328	996
	猫尾草	0.33		1500	4950	
	雀稗	0.92		818	7527	
	紫花苜蓿	0.11		800	880	
	其他多年生牧草	0.32	0.06	2782	8930	3685
江　西		**18.97**	**5.06**	**2008**	**380902**	**303833**
	白三叶	0.03	0.01	486	122	
	菊苣	0.18	0.05	561	1010	
	狼尾草	18.70	4.94	2028	379401	303833
	紫花苜蓿	0.06	0.06	597	370	
山　东		**7.91**	**2.50**	**794**	**62822**	**85607**
	木本蛋白饲料	0.12	0.12	724	891	2000
	羊草	0.30	0.30	150	450	494
	紫花苜蓿	7.49	2.08	821	61481	83113
河　南		**19.09**	**8.11**	**892**	**170194**	**167018**
	白三叶	0.60		431	2584	
	串叶松香草	0.30		760	2280	
	多年生黑麦草	1.96	1.44	749	14682	1119
	狗尾草	0.30	0.30	700	2100	
	红三叶	0.16		500	800	
	狼尾草	0.001		1000	10	
	木本蛋白饲料	3.78	0.38	1286	48576	46993
	沙打旺	0.16		530	848	
	紫花苜蓿	11.83	6.00	831	98255	118896
	其他多年生牧草	0.01	0.01	1200	60	10
湖　北		**113.58**	**11.36**	**930**	**1056536**	**183250**
	白三叶	14.56	1.01	633	92162	8748
	多花木兰	0.48	0.06	622	2966	1
	多年生黑麦草	69.66	7.55	1013	705520	140663
	狗尾草	2.47	0.37	883	21756	300
	狗牙根	0.01	0.01	600	60	
	红三叶	8.49	0.09	697	59217	1

4-8 各地区分种类多年生人工种草生产情况（续）

单位：万亩、千克/亩、吨

地 区	饲草种类	年末保留面积	当年新增面积	干草平均产量	干草总产量	青贮量
湖 南	菊苣	0.85	0.21	1112	9428	8800
	狼尾草	0.91	0.11	1037	9436	
	牛鞭草	0.01	0.01	2000	140	1
	鸭茅	3.98	0.15	877	34867	1
	紫花苜蓿	8.10	1.67	848	68616	23664
	其他多年生牧草	4.08	0.14	1283	52368	1071
		131.10	**24.46**	**1168**	**1531667**	**325885**
	白三叶	4.42	3.09	1867	82529	1910
	串叶松香草	0.98		616	6040	
	多年生黑麦草	69.84	5.52	701	489708	12747
	狗尾草	4.55	0.002	1022	46500	1
	红豆草	1.20	1.20	2850	34200	
	胡枝子	0.03	0.01	500	150	
	碱茅	0.03		598	203	
	菊苣	0.44		848	3687	
	狼尾草	7.79	1.26	1433	111660	15193
	罗顿豆	1.55	1.25	1410	21855	
	木本蛋白饲料	0.54	0.03	2689	14520	1500
	牛鞭草	4.78	0.18	1510	72196	931
	雀稗	0.02		600	120	
	沙蒿	0.02		15	3	
	鸭茅	1.19		958	11405	200
	杂交酸模	0.04		1250	500	
	早熟禾	0.02		2	0.4	
	紫花苜蓿	13.94	5.03	1017	141770	7300
	其他多年生牧草	19.72	6.89	2509	494622	286103
广 东		**26.17**	**7.82**	**1985**	**519393**	**41584**
	多年生黑麦草	0.30	0.19	858	2575	481
	狗尾草	0.69		831	5770	
	狼尾草	22.17	6.89	2169	480799	41103
	柱花草	3.01	0.74	1007	30249	
广 西		**47.10**	**10.22**	**2244**	**1056715**	**253992**

4-8 各地区分种类多年生人工种草生产情况（续）

单位：万亩、千克/亩、吨

地 区	饲草种类	年末保留面积	当年新增面积	干草平均产量	干草总产量	青贮量
	白三叶	0.90	0.03	1453	13003	
	多年生黑麦草	5.31	1.02	1264	67195	3866
	狗尾草	2.69	0.73	1811	48770	20404
	菊苣	1.75	0.02	855	14919	
	狼尾草	26.72	5.90	2619	699914	204495
	银合欢	1.28	0.01	938	11995	
	柱花草	0.26	0.12	2979	7865	1370
	紫花苜蓿	0.54	0.02	1389	7529	
	其他多年生牧草	7.65	2.39	2426	185524	23857
海 南		**2.88**	**0.22**	**2834**	**81593**	
	柱花草	0.13	0.00	784	1050	
	其他多年生牧草	2.75	0.22	2934	80543	
重 庆		**20.43**	**2.84**	**1081**	**220933**	**32656**
	白三叶	4.75	0.62	487	23173	
	串叶松香草	0.03	0.03	708	241	
	多年生黑麦草	5.12	0.69	952	48750	1932
	狗尾草	0.07	0.03	1182	851	
	红三叶	3.98	0.13	522	20748	
	菊苣	0.20	0.15	693	1364	
	聚合草	0.18	0.07	739	1345	
	狼尾草	4.41	0.60	2455	108308	30724
	木本蛋白饲料	0.32	0.18	958	3066	
	牛鞭草	0.23	0.004	1719	3937	
	苇状羊茅	0.22	0.20	646	1415	
	鸭茅	0.07	0.01	1191	798	
	紫花苜蓿	0.80	0.08	829	6603	
	其他多年生牧草	0.05	0.04	619	334	
四 川		**685.79**	**42.06**	**706**	**4839949**	**328617**
	白三叶	18.42	5.77	774	142520	7051
	多年生黑麦草	76.66	13.08	1332	1021142	13235
	狗尾草	0.59	0.01	1656	9770	
	狗牙根	2.25	0.05	1000	22500	

4-8　各地区分种类多年生人工种草生产情况（续）

单位：万亩、千克/亩、吨

地　区	饲草种类	年末保留面积	当年新增面积	干草平均产量	干草总产量	青贮量
	红豆草	18.70	0.07	650	121550	
	红三叶	1.29	0.14	612	7879	
	碱茅	3.90		500	19500	
	菊苣	5.20	1.04	801	41665	76
	聚合草	0.26	0.01	733	1905	
	狼尾草	32.78	2.31	2276	745885	33522
	老芒麦	51.31	0.60	285	146062	10
	牛鞭草	4.13	0.01	1113	46004	771
	披碱草	411.62	9.52	442	1817673	
	苇状羊茅	0.83	0.13	727	6033	
	鸭茅	3.30	0.20	975	32186	950
	紫花苜蓿	21.57	3.31	920	198525	10263
	其他多年生牧草	32.98	5.79	1392	459150	262739
贵　州		**148.01**	**35.11**	**1229**	**1819550**	**224785**
	白三叶	15.34	3.52	653	100129	45069
	多年生黑麦草	60.05	15.42	1120	672623	56145
	狗尾草	2.10	0.20	2500	52500	42000
	红三叶	0.10	0.10	996	1016	
	菊苣	4.16	0.69	1378	57251	440
	狼尾草	17.91	4.50	1633	292456	47593
	牛鞭草	0.27	0.02	2122	5687	
	雀稗	0.50		1500	7500	
	苇状羊茅	0.52	0.13	1121	5865	
	鸭茅	11.47	1.07	956	109623	
	紫花苜蓿	12.96	2.93	842	109144	294
	其他多年生牧草	22.63	6.52	1793	405758	33244
云　南		**494.45**	**67.82**	**917**	**4534828**	**599439**
	白三叶	35.74	9.25	394	140978	431
	多年生黑麦草	135.45	17.87	777	1052121	113055
	狗尾草	37.79	9.15	1367	516448	145411
	红三叶	0.14		900	1287	
	菊苣	13.60	0.38	790	107487	

4-8 各地区分种类多年生人工种草生产情况（续）

单位：万亩、千克/亩、吨

地　区	饲草种类	年末保留面积	当年新增面积	干草平均产量	干草总产量	青贮量
	狼尾草	3.54	1.32	1739	61570	600
	木豆	0.48	0.07	1217	5840	
	旗草	30.22	0.77	1098	331719	14932
	雀稗	4.04	0.55	705	28501	1800
	苇状羊茅	1.19	0.003	771	9167	
	鸭茅	109.91	3.13	672	739061	89979
	银合欢	0.02		980	206	
	紫花苜蓿	31.61	9.17	883	279201	6916
	其他多年生牧草	90.72	16.16	1390	1261244	226315
西　藏		**46.16**	**14.91**	**291**	**134128**	**6009**
	老芒麦	0.30		150	450	
	披碱草	27.71	8.17	208	57710	2400
	紫花苜蓿	18.15	6.74	419	75967	3609
陕　西		**536.14**	**32.87**	**534**	**2865345**	**120297**
	白三叶	1.46	1.01	578	8420	
	多年生黑麦草	5.06	0.11	461	23316	100
	菊苣	0.23		580	1335	
	聚合草	0.10		480	480	
	木本蛋白饲料	0.49	0.12	1169	5764	9348
	沙打旺	51.57	4.21	478	246301	20000
	小冠花	0.56	0.01	500	2800	
	紫花苜蓿	472.17	26.90	543	2563349	85849
	其他多年生牧草	4.51	0.51	301	13580	5000
甘　肃		**1789.25**	**150.29**	**484**	**8656438**	**294735**
	白三叶	3.66	0.02	349	12762	
	冰草	94.31	0.59	473	446350	
	多年生黑麦草	6.53	0.10	387	25282	
	红豆草	87.34	14.59	469	409207	5900
	红三叶	2.60		508	13200	
	菊苣	0.06	0.06	760	456	230
	老芒麦	73.10	0.10	300	219300	
	猫尾草	10.03		600	60198	

4-8　各地区分种类多年生人工种草生产情况（续）

单位：万亩、千克/亩、吨

地　区	饲草种类	年末保留面积	当年新增面积	干草平均产量	干草总产量	青贮量
	柠条	24.86		190	47316	
	披碱草	170.53	15.10	267	455193	
	沙打旺	15.06		424	63800	
	早熟禾	76.00		280	212800	
	紫花苜蓿	1207.07	118.04	516	6230531	288605
	其他多年生牧草	18.10	1.68	2541	460044	
青　海		**187.83**	**74.08**	**336**	**631346**	**7885**
	披碱草	149.63	45.50	314	469885	151
	紫花苜蓿	14.85	5.43	630	93576	7734
	其他多年生牧草	23.35	23.15	291	67885	
宁　夏		**525.27**	**31.88**	**361**	**1897310**	**90510**
	冰草	18.10	0.47	50	9050	
	胡枝子	0.12	0.12	240	288	
	其他多年生牧草	0.12	0.12	500	600	
	沙打旺	27.50	0.24	80	22000	
	紫花苜蓿	479.43	30.93	389	1865372	90510
新　疆		**357.82**	**68.43**	**555**	**1984272**	**527616**
	冰草	6.98	0.10	390	27216	
	红豆草	18.67	3.92	437	81673	
	披碱草	30.21	13.73	624	188510	
	苇状羊茅	1.00	1.00	400	4000	300
	无芒雀麦	3.05	0.05	150	4575	
	紫花苜蓿	292.61	46.63	568	1661108	527316
	其他多年生牧草	5.30	3.00	324	17190	
新疆兵团		**26.86**	**6.08**	**493**	**132461**	**9248**
	冰草	1.10	1.10	560	6160	
	披碱草	0.30	0.30	200	600	
	紫花苜蓿	24.66	4.68	489	120501	9248
	其他多年生牧草	0.80		650	5200	
黑龙江农垦		**29.11**	**1.92**	**167**	**48471**	**19197**
	羊草	21.27		100	21166	
	紫花苜蓿	7.84	1.92	349	27306	19197

4-9 各地区紫花苜蓿人工种草生产情况

单位：万亩、千克/亩、吨

地　区	年末保留面积	当年新增面积	干草平均产量	干草总产量	青贮量
合　计	3310.01	393.57	503	16652722	1781330
天　津	2.06		674	13857	35032
河　北	49.86	10.95	652	325156	105937
山　西	66.63	7.15	696	463943	32086
内蒙古	495.39	94.90	408	2019452	194886
辽　宁	12.88	0.46	695	89468	13723
吉　林	30.40	2.36	211	64021	3591
黑龙江	22.15	3.26	250	55432	
江　苏	0.23	0.03	929	2147	
安　徽	4.65	2.85	197	9164	113561
福　建	0.11		800	880	
江　西	0.06	0.06	597	370	
山　东	7.49	2.08	821	61481	83113
河　南	11.83	6.00	831	98255	118896
湖　北	8.10	1.67	848	68616	23664
湖　南	13.94	5.03	1017	141770	7300
广　西	0.54	0.02	1389	7529	
重　庆	0.80	0.08	829	6603	
四　川	21.57	3.31	920	198525	10263
贵　州	12.96	2.93	842	109144	294
云　南	31.61	9.17	883	279201	6916
西　藏	18.15	6.74	419	75967	3609
陕　西	472.17	26.90	543	2563349	85849

4-9　各地区紫花苜蓿人工种草生产情况（续）

单位：万亩、千克/亩、吨

地　区	年末保留面积	当年新增面积	干草平均产量	干草总产量	青贮量
甘　肃	1207.07	118.04	516	6230531	288605
青　海	14.85	5.43	630	93576	7734
宁　夏	479.43	30.93	389	1865372	90510
新　疆	292.61	46.63	568	1661108	527316
新疆兵团	24.66	4.68	489	120501	9248
黑龙江农垦	7.84	1.92	349	27306	19197

4-10　各地区多年生黑麦草人工种草生产情况

单位：万亩、千克/亩、吨

地　区	年末保留面积	当年新增面积	干草平均产量	干草总产量	青贮量
合　计	**438.54**	**63.68**	947	4153364	343514
江　苏	0.08	0.03	1028	812	10
安　徽	1.59	0.61	408	6469	161
福　建	0.92	0.06	2518	23170	
河　南	1.96	1.44	749	14682	1119
湖　北	69.66	7.55	1013	705520	140663
湖　南	69.84	5.52	701	489708	12747
广　东	0.30	0.19	858	2575	481
广　西	5.31	1.02	1264	67195	3866
重　庆	5.12	0.69	952	48750	1932
四　川	76.66	13.08	1332	1021142	13235
贵　州	60.05	15.42	1120	672623	56145
云　南	135.45	17.87	777	1052121	113055
陕　西	5.06	0.11	461	23316	100
甘　肃	6.53	0.10	387	25282	

4-11　各地区披碱草人工种草生产情况

单位：万亩、千克/亩、吨

地　区	年末保留面积	当年新增面积	干草平均产量	干草总产量	青贮量
合　计	872.62	96.92	362	3157066	2551
河　北	17.04	4.60	221	37629	
内蒙古	60.97		200	121943	
黑龙江	4.60		172	7922	
四　川	411.62	9.52	442	1817673	
西　藏	27.71	8.17	208	57710	2400
甘　肃	170.53	15.10	267	455193	
青　海	149.63	45.50	314	469885	151
新　疆	30.21	13.73	624	188510	
新疆兵团	0.30	0.30	200	600	

4-12　各地区牧区半牧区分种类多年生人工种草生产情况

单位：万亩、千克/亩、吨

地　区	饲草种类	年末保留面积	当年新增面积	干草平均产量	干草总产量	青贮量
合　计		3716.29	363.00	340	12635296	583474
河　北		26.67	6.42	304	81005	320
	老芒麦	2.46	0.90	280	6888	320
	披碱草	12.40	3.50	206	25580	
	沙打旺	1.12	0.02	210	2352	
	紫花苜蓿	10.69	2.00	432	46185	
山　西		0.70		800	5600	
	紫花苜蓿	0.70		800	5600	

4–12　各地区牧区半牧区分种类多年生人工种草生产情况（续）

单位：万亩、千克/亩、吨

地　区	饲草种类	年末保留面积	当年新增面积	干草平均产量	干草总产量	青贮量
内蒙古		**1451.07**	**127.63**	**243**	**3520895**	**187036**
	冰草	2.07	0.20	60	1250	
	柠条	607.27	45.90	101	611423	
	披碱草	60.97		200	121943	
	沙打旺	19.40	0.50	248	48035	
	梭梭	323.33	1.53	307	992990	
	羊柴	0.00		120	1	
	紫花苜蓿	395.61	77.69	435	1720720	187036
	其他多年生饲草	42.42	1.80	58	24534	
辽　宁		**20.39**	**10.74**	**534**	**108903**	**4900**
	沙打旺	12.59	10.59	380	47823	
	紫花苜蓿	7.80	0.15	783	61080	4900
吉　林		**129.37**	**4.64**	**123**	**159075**	**1000**
	碱茅	11.00		70	7700	
	羊草	90.00	2.40	104	93960	1000
	紫花苜蓿	28.37	2.24	202	57415	
黑龙江		**165.37**	**3.83**	**153**	**252242**	
	披碱草	4.60		172	7922	
	羊草	149.82	3.83	137	205019	
	紫花苜蓿	10.95		359	39300	
四　川		**530.77**	**16.22**	**504**	**2675387**	**4841**

4-12 各地区牧区半牧区分种类多年生人工种草生产情况（续）

单位：万亩、千克/亩、吨

地 区	饲草种类	年末保留面积	当年新增面积	干草平均产量	干草总产量	青贮量
	白三叶	3.47	0.25	1202	41700	5
	多年生黑麦草	18.46	2.79	1136	209794	2720
	红豆草	18.70	0.07	650	121550	
	碱茅	3.90		500	19500	
	菊苣	0.05	0.05	2500	1250	
	老芒麦	51.31	0.60	285	146062	10
	披碱草	411.62	9.52	442	1817673	
	紫花苜蓿	6.61	1.06	1224	80958	2106
	其他多年生饲草	16.65	1.87	1423	236900	
云 南		**121.22**	**3.64**	**825**	**1000639**	
	白三叶	0.03	0.03	320	96	
	多年生黑麦草	51.40	2.50	864	443928	
	菊苣	13.27	0.27	801	106274	
	鸭茅	9.59	0.03	888	85196	
	紫花苜蓿	12.96	0.43	752	97425	
	其他多年生饲草	33.97	0.37	788	267720	
西 藏		**24.27**	**8.28**	**232**	**56392**	**1008**
	披碱草	16.75	4.63	183	30603	
	紫花苜蓿	7.52	3.65	343	25789	1008
甘 肃		**674.01**	**51.49**	**391**	**2632508**	**13000**
	冰草	84.50		500	422500	

4-12　各地区牧区半牧区分种类多年生人工种草生产情况（续）

单位：万亩、千克/亩、吨

地　区	饲草种类	年末保留面积	当年新增面积	干草平均产量	干草总产量	青贮量
青　海	红豆草	4.00	1.00	620	24800	3000
	红三叶	0.10		700	700	
	老芒麦	73.10	0.10	300	219300	
	猫尾草	10.03		600	60198	
	披碱草	167.15	15.10	266	445053	
	早熟禾	76.00		280	212800	
	紫花苜蓿	259.13	35.29	481	1247157	10000
	167.90	**72.65**	**298**	**499872**	**150**	
	披碱草	136.85	45.30	295	403695	150
	其他多年生饲草	23.35	23.15	291	67885	
宁　夏	紫花苜蓿	7.70	4.20	367	28292	
	179.40	**9.92**	**251**	**450840**	**9800**	
新　疆	紫花苜蓿	179.40	9.92	251	450840	9800
	225.15	**47.55**	**529**	**1191939**	**361419**	
	冰草	6.98	0.10	390	27216	
	红豆草	14.45	3.50	468	67672	
	披碱草	30.21	13.73	624	188510	
	苇状羊茅	1.00	1.00	400	4000	300
	无芒雀麦	3.05	0.05	150	4575	
	紫花苜蓿	168.36	28.67	534	898316	361119
	其他多年生饲草	1.10	0.50	150	1650	

4-13 各地区牧区分种类多年生人工种草生产情况

地　　区	饲草种类	年末保留面积	当年新增面积	干草平均产量	干草总产量	青贮量
合　计		**2104.83**	**198.43**	**298**	**6267181**	**155893**
内蒙古		**1000.83**	**60.14**	**229**	**2290054**	**2375**
	冰草	2.07	0.20	60	1250	
	柠条	431.20	22.90	84	364085	
	披碱草	60.97		200	121943	
	沙打旺	3.70		195	7215	
	梭梭	323.33	1.53	307	992990	
	羊柴	0.00		120	1	
	紫花苜蓿	137.14	33.70	567	778036	2375
	其他多年生饲草	42.42	1.80	58	24534	
黑龙江		**13.97**		**279**	**38955**	
	羊草	4.97		150	7455	
	紫花苜蓿	9.00		350	31500	
四　川		**268.88**	**8.05**	**419**	**1127135**	**10**
	红豆草	18.70	0.07	650	121550	
	老芒麦	14.50	0.50	215	31230	10
	披碱草	229.73	6.93	383	879705	
	紫花苜蓿	0.20		1500	3000	
	其他多年生饲草	5.75	0.55	1594	91650	
西　藏		**4.70**	**2.75**	**168**	**7891**	
	披碱草	4.36	2.56	164	7160	

4-13 各地区牧区分种类多年生人工种草生产情况（续）

单位：万亩、千克/亩、吨

地 区	饲草种类	年末保留面积	当年新增面积	干草平均产量	干草总产量	青贮量
	紫花苜蓿	0.34	0.19	215	731	
甘 肃		**410.69**	**16.38**	**336**	**1379223**	
	冰草	84.50		500	422500	
	老芒麦	73.00		300	219000	
	披碱草	165.15	15.00	266	439933	
	早熟禾	76.00		280	212800	
	紫花苜蓿	12.04	1.38	706	84990	
青 海		**161.55**	**71.15**	**301**	**486892**	
	披碱草	131.00	44.30	300	393570	
	紫花苜蓿	7.20	3.70	353	25437	
	其他多年生饲草	23.35	23.15	291	67885	
宁 夏		**80.40**	**0.42**	**110**	**88440**	
	紫花苜蓿	80.40	0.42	110	88440	
新 疆		**163.80**	**39.55**	**518**	**848591**	**153508**
	冰草	3.98	0.10	420	16716	
	红豆草	12.35	3.50	480	59280	
	披碱草	30.21	13.73	624	188510	
	无芒雀麦	3.05	0.05	150	4575	
	紫花苜蓿	113.11	21.67	511	577860	153508
	其他多年生饲草	1.10	0.50	150	1650	

4-14 各地区半牧区分种类多年生人工种草生产情况

单位：万亩、千克/亩、吨

地　区	饲草种类	年末保留面积	当年新增面积	干草平均产量	干草总产量	青贮量
合　计		1611.47	164.57	395	6368115	427581
河　北		26.67	6.42	304	81005	320
	老芒麦	2.46	0.90	280	6888	320
	披碱草	12.40	3.50	206	25580	
	沙打旺	1.12	0.02	210	2352	
	紫花苜蓿	10.69	2.00	432	46185	
山　西		0.70		800	5600	
	紫花苜蓿	0.70		800	5600	
内蒙古		450.24	67.49	273	1230841	184661
	柠条	176.07	23.00	140	247338	
	沙打旺	15.70	0.50	260	40820	
	紫花苜蓿	258.47	43.99	365	942684	184661
辽　宁		20.39	10.74	534	108903	4900
	沙打旺	12.59	10.59	380	47823	
	紫花苜蓿	7.80	0.15	783	61080	4900
吉　林		129.37	4.64	123	159075	1000
	碱茅	11.00		70	7700	
	羊草	90.00	2.40	104	93960	1000
	紫花苜蓿	28.37	2.24	202	57415	
黑龙江		151.40	3.83	141	213287	

4-14　各地区半牧区分种类多年生人工种草生产情况（续）

单位：万亩、千克/亩、吨

地　区	饲草种类	年末 保留面积	当年新增 面积	干草 平均产量	干草 总产量	青贮量
	披碱草	4.60		172	7922	
	羊草	144.85	3.83	136	197564	
	紫花苜蓿	1.95		400	7800	
四　川		**261.89**	**8.17**	**591**	**1548252**	**4831**
	白三叶	3.47	0.25	1202	41700	5
	多年生黑麦草	18.46	2.79	1136	209794	2720
	碱茅	3.90		500	19500	
	菊苣	0.05	0.05	2500	1250	
	老芒麦	36.81	0.10	312	114832	
	披碱草	181.89	2.59	516	937968	
	紫花苜蓿	6.41	1.06	1216	77958	2106
	其他多年生饲草	10.90	1.32	1333	145250	
云　南		**121.22**	**3.64**	**825**	**1000639**	
	白三叶	0.03	0.03	320	96	
	多年生黑麦草	51.40	2.50	864	443928	
	菊苣	13.27	0.27	801	106274	
	鸭茅	9.59	0.03	888	85196	
	紫花苜蓿	12.96	0.43	752	97425	
	其他多年生饲草	33.97	0.37	788	267720	
西　藏		**19.57**	**5.54**	**248**	**48501**	**1008**

4-14 各地区半牧区分种类多年生人工种草生产情况（续）

单位：万亩、千克/亩、吨

地　区	饲草种类	年末保留面积	当年新增面积	干草平均产量	干草总产量	青贮量
甘　肃	披碱草	12.38	2.08	189	23442	
	紫花苜蓿	7.18	3.46	349	25058	1008
	263.32	**35.11**	**476**	**1253285**	**13000**	
	红豆草	4.00	1.00	620	24800	3000
	红三叶	0.10		700	700	
	老芒麦	0.10	0.10	300	300	
	猫尾草	10.03		600	60198	
	披碱草	2.00	0.10	256	5120	
	紫花苜蓿	247.09	33.91	470	1162167	10000
青　海		**6.35**	**1.50**	**204**	**12980**	**150**
	披碱草	5.85	1.00	173	10125	150
	紫花苜蓿	0.50	0.50	571	2855	
宁　夏		**99.00**	**9.50**	**366**	**362400**	**9800**
	紫花苜蓿	99.00	9.50	366	362400	9800
新　疆		**61.35**	**8.00**	**560**	**343348**	**207911**
	冰草	3.00		350	10500	
	红豆草	2.10		400	8392	
	苇状羊茅	1.00	1.00	400	4000	300
	紫花苜蓿	55.25	7.00	580	320456	207611

三、一年生饲草生产情况

4-15　2016-2020年全国分种类一年生饲草种植情况

单位：万亩

饲草种类	2016 年	2017 年	2018 年	2019 年	2020 年
合　计	6523.65	6699.40	6819.10	6077.74	6043.28
稗	0.43	0.62	0.25	0.25	0.22
草谷子	149.68	122.16	90.67	34.40	28.42
草木樨	64.38	32.84	31.60	37.22	12.25
大麦	46.01	32.93	55.70	38.01	30.97
黑麦	17.31	32.96	27.01	21.39	21.87
多花黑麦草	690.93	583.89	392.60	396.33	392.17
高粱苏丹草杂交种	56.81				
狗尾草（一年生）	0.26				
谷稗	0.20				0.42
箭筈豌豆	52.20	55.48	44.30	33.26	35.64
苦荬菜	3.75	3.08	3.54	0.96	0.85
狼尾草（一年生）	1.84				
马唐	0.08	0.56	0.20		

4-15 2016–2020年全国分种类一年生饲草种植情况（续）

单位：万亩

饲草种类	2016 年	2017 年	2018 年	2019 年	2020 年
毛苕子（非绿肥）	275.61	193.73	160.00	155.99	168.48
墨西哥类玉米	39.77	129.44	466.28	303.73	298.95
青莜麦	187.90	148.38	135.76	78.80	72.59
青贮青饲高粱	159.64	361.73	133.30	116.04	96.24
青贮玉米	3402.59	3462.81	3871.80	3663.18	3630.08
饲用甘蓝	2.80	2.50	2.20	2.71	0.20
饲用块根块茎作物	246.23	213.01	188.30	127.66	175.17
饲用青稞	32.62	12.92	13.60	11.77	9.99
苏丹草	58.46	52.01	41.60	39.29	34.51
小黑麦	15.50	22.56	36.83	33.77	55.37
饲用燕麦	503.67	629.89	566.80	533.73	635.02
籽粒苋	6.82	10.03	7.61	7.47	6.95
紫云英（非绿肥）	26.32	53.21	42.60	30.79	21.19
其他一年生饲草	481.86	542.70	506.50	411.02	315.73

4-16　全国及牧区半牧区分种类一年生饲草生产情况

单位：万亩、千克/亩、吨

区　域	饲草种类	当年种草面积	干草平均产量	干草总产量	青贮量
全　国		**6043.28**	**1025**	**61922445**	**69206737**
	稗	0.22	1009	2240	
	草谷子	28.42	261	74179	3950
	草木樨	12.25	428	52452	29262
	大麦	30.97	422	130606	23285
	黑麦	21.87	1197	261894	294040
	多花黑麦草	392.17	1287	5048008	742075
	谷稗	0.42	550	2332	
	箭筈豌豆	35.64	656	233762	7355
	苦荬菜	0.85	826	7018	26000
	毛苕子（非绿肥）	168.48	859	1446929	31
	墨西哥类玉米	298.95	976	2917936	149483
	青莜麦	72.59	175	127060	12000
	青贮青饲高粱	96.24	1480	1424845	500245
	青贮玉米	3630.08	1152	41809728	65816956
	饲用甘蓝	0.20	967	1934	
	饲用块根块茎作物	175.17	988	1730600	272381
	饲用青稞	9.99	297	29715	3237
	苏丹草	34.51	1151	397185	59360
	小黑麦	55.37	504	278957	27629
	饲用燕麦	635.02	532	3378099	755791
	籽粒苋	6.95	646	44849	3697
	紫云英（非绿肥）	21.19	956	202515	10855
	其他一年生饲草	315.73	735	2319603	469105

4-16　全国及牧区半牧区分种类一年生饲草生产情况（续）

单位：万亩、千克/亩、吨

区　域	饲草种类	当年 种草面积	干草 平均产量	干草 总产量	青贮量
牧区半牧区		**1963.29**	**887**	**17424098**	**17260643**
	草谷子	21.01	182	38286	2410
	草木樨	8.15	413	33691	2
	大麦	4.95	458	22667	15510
	多花黑麦草	2.39	1217	29026	
	箭筈豌豆	6.75	1483	100051	280
	毛苕子（非绿肥）	118.26	956	1130505	20
	墨西哥类玉米	112.14	1024	1147920	23635
	青莜麦	57.89	154	89013	12000
	青贮青饲高粱	13.08	2095	273949	
	青贮玉米	1024.13	1079	11048770	16692405
	饲用块根块茎作物	39.67	1065	422340	371
	饲用青稞	6.11	319	19515	
	苏丹草	10.03	386	38680	
	小黑麦	13.61	520	70820	2000
	饲用燕麦	411.39	519	2133798	460995
	其他一年生饲草	113.74	725	825068	51015
牧　区		**641.39**	**771**	**4944697**	**3136356**
	草谷子	8.94	159	14193	2410
	草木樨	3.20	700	22400	
	多花黑麦草	1.24	693	8596	
	箭筈豌豆	0.10	415	415	
	毛苕子（非绿肥）	27.45	592	162475	
	墨西哥类玉米	67.14	1056	708920	9000

4-16 全国及牧区半牧区分种类一年生饲草生产情况（续）

单位：万亩、千克/亩、吨

区　域	饲草种类	当年种草面积	干草平均产量	干草总产量	青贮量
半牧区	青莜麦	13.99	199	27813	
	青贮玉米	269.14	967	2602448	2716239
	饲用青稞	3.60	140	5055	
	苏丹草	7.20	340	24480	
	小黑麦	10.01	650	65060	2000
	饲用燕麦	186.95	556	1039322	355707
	其他一年生饲草	42.43	621	263520	51000
		1321.90	**944**	**12479401**	**14124287**
	草谷子	12.07	200	24093	
	草木樨	4.95	228	11291	2
	大麦	4.95	458	22667	15510
	多花黑麦草	1.15	1784	20430	
	箭筈豌豆	6.65	1499	99636	280
	毛苕子（非绿肥）	90.81	1066	968030	20
	墨西哥类玉米	45.00	976	439000	14635
	青莜麦	43.90	139	61200	12000
	青贮青饲高粱	13.08	2095	273949	
	青贮玉米	754.99	1119	8446322	13976166
	饲用块根块茎作物	39.67	1065	422340	371
	饲用青稞	2.51	576	14460	
	苏丹草	2.83	501	14200	
	小黑麦	3.60	160	5760	
	饲用燕麦	224.44	488	1094475	105288
	其他一年生饲草	71.31	787	561548	15

4-17　各地区分种类一年生饲草生产情况

单位：万亩、千克/亩、吨

地　区	饲草种类	当年种草面积	干草平均产量	干草总产量	青贮量
合　计		6043.28	1025	61922445	69206737
天　津		29.18	746	217553	716836
	青贮青饲高粱	0.10	322	316	1105
	青贮玉米	28.36	757	214718	707930
	饲用燕麦	0.72	350	2520	7801
河　北		358.49	926	3317962	7746891
	草木樨	1.35	215	2905	23
	青莜麦	12.90	326	42000	12000
	青贮青饲高粱	1.50	600	9000	15000
	青贮玉米	336.53	963	3240679	7706059
	饲用燕麦	6.21	376	23378	13809
山　西		127.76	869	1109764	1388125
	草谷子	0.40	360	1441	
	黑麦	0.08	600	480	
	箭筈豌豆	1.31	324	4246	
	青莜麦	3.60	325	11707	
	青贮青饲高粱	1.12	998	11162	12396
	青贮玉米	104.95	978	1026724	1375129
	苏丹草	0.03	1000	300	600
	饲用燕麦	15.75	325	51177	
	其他一年生饲草	0.52	486	2528	
内蒙古		1473.38	876	12909364	13369684

4-17 各地区分种类一年生饲草生产情况（续）

单位：万亩、千克/亩、吨

地 区	饲草种类	当年种草面积	干草平均产量	干草总产量	青贮量
	草谷子	11.24	171	19193	2410
	草木樨	3.00	200	6000	
	大麦	2.00	500	10000	
	墨西哥类玉米	270.60	894	2419250	45135
	青莜麦	56.09	131	73353	
	青贮青饲高粱	10.00	1200	120000	
	青贮玉米	892.23	1022	9116919	13261840
	饲用块根块茎作物	8.35	1000	83500	1
	饲用燕麦	139.40	550	766290	59298
	其他一年生饲草	80.47	366	294860	1000
辽 宁		**87.77**	**2319**	**2035574**	**2442750**
	墨西哥类玉米	0.00	1000	10	
	青贮青饲高粱	0.32	1861	5899	
	青贮玉米	87.38	2320	2027445	2440528
	其他一年生饲草	0.07	3000	2220	2222
吉 林		**88.52**	**909**	**805116**	**701278**
	草谷子	0.02	550	121	1540
	大麦	1.35	479	6467	15510
	苦荬菜	0.01	350	35	
	青贮玉米	84.49	930	786061	683488
	饲用块根块茎作物	0.30	1000	3000	

4-17　各地区分种类一年生饲草生产情况（续）

单位：万亩、千克/亩、吨

地　区	饲草种类	当年 种草面积	干草 平均产量	干草 总产量	青贮量
	饲用燕麦	2.30	404	9290	500
	其他一年生饲草	0.05	268	142	240
黑龙江		**110.05**	**734**	**807267**	**2566047**
	多花黑麦草	0.57	1800	10170	33900
	苦荬菜	0.50	1010	5050	26000
	青贮玉米	108.98	727	792047	2506147
江　苏		**33.64**	**1438**	**483607**	**142366**
	大麦	5.01	625	31306	
	黑麦	0.22	2100	4704	37
	多花黑麦草	1.27	1227	15572	2023
	墨西哥类玉米	0.00	2267	68	85
	青贮玉米	26.18	1571	411415	139528
	饲用块根块茎 作物	0.78	2400	18720	
	苏丹草	0.03	1668	434	308
	其他一年生饲草	0.15	958	1389	385
安　徽		**134.99**	**1439**	**1942126**	**2698165**
	大麦	1.50	471	7077	10
	黑麦	0.66	608	4026	
	多花黑麦草	10.73	677	72608	16261
	苦荬菜	0.15	405	616	
	墨西哥类玉米	1.17	1305	15315	3633
	青贮青饲高粱	4.02	1679	67527	1450

4-17　各地区分种类一年生饲草生产情况（续）

单位：万亩、千克/亩、吨

地 区	饲草种类	当年种草面积	干草平均产量	干草总产量	青贮量
	青贮玉米	109.80	1550	1701542	2514945
	饲用块根块茎作物	0.20	1200	2400	
	苏丹草	2.55	1787	45543	4138
	小黑麦	3.45	601	20737	17728
	紫云英（非绿肥）	0.70	593	4136	
	其他一年生饲草	0.06	1000	600	140000
福 建		**8.71**	**1541**	**134207**	**19659**
	稗	0.22	1000	2200	
	黑麦	0.04	1000	420	26
	多花黑麦草	2.75	1480	40708	1141
	墨西哥类玉米	1.06	2603	27457	11492
	青贮玉米	1.09	1896	20705	7000
	小黑麦	0.15	2000	2980	
	紫云英（非绿肥）	2.91	1253	36504	
	其他一年生饲草	0.48	668	3233	
江 西		**31.12**	**1007**	**313309**	**123316**
	多花黑麦草	23.22	1070	248501	73039
	墨西哥类玉米	0.80	782	6254	8000
	青贮青饲高粱	0.46	772	3565	2520
	青贮玉米	3.35	974	32619	32765
	饲用块根块茎作物	0.53	1283	6800	6200

4-17 各地区分种类一年生饲草生产情况（续）

单位：万亩、千克/亩、吨

地 区	饲草种类	当年种草面积	干草平均产量	干草总产量	青贮量
	苏丹草	0.50	871	4348	121
	饲用燕麦	0.03	470	155	50
	籽粒苋	0.23	400	920	
	紫云英（非绿肥）	2.00	509	10148	621
山 东		**177.11**	**870**	**1541072**	**4818176**
	草木樨	0.01	1150	58	110
	青贮玉米	175.70	870	1529193	4782956
	苏丹草	0.02	400	96	1920
	饲用燕麦	0.59	862	5087	11907
	其他一年生饲草	0.80	834	6638	21283
河 南		**140.69**	**944**	**1327604**	**2778167**
	黑麦	0.20	600	1200	5
	墨西哥类玉米	0.02	500	100	
	青贮青饲高粱	0.37	1034	3868	11100
	青贮玉米	138.76	940	1303669	2763315
	饲用燕麦	0.50	450	2250	3500
	籽粒苋	0.04	2000	800	197
	紫云英（非绿肥）	0.79	1989	15717	50
湖 北		**108.71**	**1716**	**1865069**	**911167**
	大麦	2.25	892	20053	4000
	黑麦	2.66	1335	35519	2776
	多花黑麦草	47.11	1334	628611	85341

4-17　各地区分种类一年生饲草生产情况（续）

单位：万亩、千克/亩、吨

地　区	饲草种类	当年种草面积	干草平均产量	干草总产量	青贮量
	毛苕子（非绿肥）	0.01	800	64	1
	墨西哥类玉米	9.34	2698	251997	30456
	青贮青饲高粱	6.58	2294	150800	88550
	青贮玉米	30.19	2028	612271	662950
	饲用块根块茎作物	1.56	760	11850	2000
	苏丹草	5.83	2103	122574	31490
	饲用燕麦	0.36	600	2160	
	紫云英（非绿肥）	2.06	780	16085	2
	其他一年生饲草	0.77	1702	13085	3601
湖　南		**129.78**	**1601**	**2077734**	**1772505**
	稗	0.00	2000	40	
	黑麦	6.95	1572	109229	289236
	多花黑麦草	14.33	1284	184065	17886
	箭筈豌豆	0.33	120	396	
	苦荬菜	0.03	1178	318	
	毛苕子（非绿肥）	0.08	1200	936	
	墨西哥类玉米	4.37	1537	67201	24138
	青贮青饲高粱	4.21	728	30672	52325
	青贮玉米	42.45	1377	584603	1359905
	饲用块根块茎作物	16.53	2759	456076	
	苏丹草	10.41	1130	117642	7243

4-17 各地区分种类一年生饲草生产情况（续）

单位：万亩、千克/亩、吨

地 区	饲草种类	当年种草面积	干草平均产量	干草总产量	青贮量
	小黑麦	1.44	1148	16512	200
	饲用燕麦	0.23	669	1532	1
	籽粒苋	0.02	2000	400	
	紫云英（非绿肥）	7.18	1307	93890	10180
	其他一年生饲草	21.22	1952	414222	11391
广 东		**19.16**	**1028**	**197004**	**24530**
	黑麦	4.20	940	39500	
	多花黑麦草	12.59	1059	133270	3470
	墨西哥类玉米	1.28	1021	13070	
	青贮玉米	0.49	1592	7800	21060
	小黑麦	0.06	900	504	
	紫云英（非绿肥）	0.53	517	2740	
	其他一年生饲草	0.02	600	120	
广 西		**23.81**	**1327**	**315850**	**124987**
	黑麦	0.59	2119	12500	280
	多花黑麦草	6.38	1006	64166	11171
	毛苕子（非绿肥）	0.22	243	536	
	墨西哥类玉米	0.41	1496	6178	3956
	青贮青饲高粱	0.05	1000	450	
	青贮玉米	14.55	1455	211663	84922
	饲用块根块茎作物	0.10	2000	2000	8000
	苏丹草	0.11	991	1090	600

4-17 各地区分种类一年生饲草生产情况（续）

单位：万亩、千克/亩、吨

地 区	饲草种类	当年种草面积	干草平均产量	干草总产量	青贮量
	小黑麦	0.02	980	196	
	紫云英（非绿肥）	0.20	300	600	2
	其他一年生饲草	1.18	1394	16472	16056
海 南		**0.01**	**1200**	**60**	**100**
	青贮青饲高粱	0.01	1200	60	100
重 庆		**28.81**	**942**	**271485**	**170680**
	黑麦	0.21	1262	2664	605
	多花黑麦草	7.99	1241	99085	21656
	苦荬菜	0.00	790	8	
	墨西哥类玉米	0.46	1260	5846	3128
	青贮青饲高粱	1.88	1176	22064	25545
	青贮玉米	5.88	1039	61057	77054
	饲用块根块茎作物	12.01	638	76569	42692
	苏丹草	0.27	1149	3137	
	饲用燕麦	0.00	430	13	
	紫云英（非绿肥）	0.01	620	31	
	其他一年生饲草	0.10	1002	1012	
四 川		**502.49**	**1196**	**6007493**	**963803**
	草木樨	0.10	1100	1100	1100
	大麦	1.10	819	9038	1265
	黑麦	1.52	1195	18102	55
	多花黑麦草	135.39	1597	2161791	135059

4-17　各地区分种类一年生饲草生产情况（续）

单位：万亩、千克/亩、吨

地　区	饲草种类	当年 种草面积	干草 平均产量	干草 总产量	青贮量
	谷稗	0.42	550	2332	
	箭筈豌豆	3.57	2354	84055	280
	苦荬菜	0.16	619	991	
	毛苕子（非绿肥）	119.42	971	1159412	20
	墨西哥类玉米	8.72	1077	93891	17660
	青贮青饲高粱	6.08	1487	90457	6552
	青贮玉米	58.64	1431	839432	655567
	饲用甘蓝	0.20	967	1934	
	饲用块根块茎 作物	82.60	887	732798	76572
	苏丹草	4.31	1413	60899	12350
	饲用燕麦	5.35	778	41593	8336
	籽粒苋	6.66	642	42729	3500
	紫云英（非绿肥）	4.31	398	17165	
	其他一年生饲草	63.94	1016	649775	45487
贵　州		**115.08**	**1584**	**1822926**	**939023**
	多花黑麦草	50.25	1294	650263	202019
	箭筈豌豆	14.81	564	83584	3500
	毛苕子（非绿肥）	0.01	550	55	
	青贮青饲高粱	6.46	2021	130538	140511
	青贮玉米	38.60	2329	899000	587561
	饲用块根块茎 作物	0.80	600	4800	2000

4-17　各地区分种类一年生饲草生产情况（续）

单位：万亩、千克/亩、吨

地　区	饲草种类	当年种草面积	干草平均产量	干草总产量	青贮量
	苏丹草	0.02	1200	180	180
	小黑麦	0.70	746	5222	
	饲用燕麦	0.02	430	86	
	紫云英（非绿肥）	0.50	1100	5500	
	其他一年生饲草	2.92	1496	43698	3252
云　南		**422.70**	**1099**	**4644267**	**1969644**
	大麦	11.76	205	24115	
	多花黑麦草	77.99	933	727944	138989
	箭筈豌豆	0.32	348	1095	
	毛苕子（非绿肥）	47.42	589	279327	10
	墨西哥类玉米	0.46	2000	9200	
	青贮青饲高粱	0.01	700	84	
	青贮玉米	124.91	2115	2641470	1703232
	饲用块根块茎作物	42.24	638	269278	106915
	饲用青稞	6.11	384	23460	
	小黑麦	29.84	425	126721	
	饲用燕麦	5.08	425	21569	662
	其他一年生饲草	76.55	679	520005	19836
西　藏		**57.50**	**365**	**209824**	**69671**
	箭筈豌豆	3.79	539	20439	125
	青贮玉米	3.55	509	18088	22323

4-17 各地区分种类一年生饲草生产情况（续）

单位：万亩、千克/亩、吨

地　区	饲草种类	当年 种草面积	干草 平均产量	干草 总产量	青贮量
陕　西	饲用块根块茎作物	1.85	351	6500	
	饲用青稞	3.69	138	5100	3237
	小黑麦	5.18	219	11350	
	饲用燕麦	39.44	376	148347	43986
	****	**150.72**	**892**	**1344922**	**2291158**
	草木樨	0.20	200	400	
	黑麦	0.39	814	3200	1020
	多花黑麦草	0.38	719	2761	
	墨西哥类玉米	0.25	840	2100	1800
	青贮青饲高粱	2.70	1060	28591	46806
	青贮玉米	133.00	917	1219956	2241122
	苏丹草	0.30	590	1753	410
	饲用燕麦	12.94	652	84434	
	其他一年生饲草	0.56	308	1727	
甘　肃	****	**642.68**	**875**	**5624458**	**7574094**
	草谷子	12.58	316	39745	
	草木樨	0.15	430	645	
	大麦	0.70	230	1610	1500
	多花黑麦草	0.01	2000	200	120
	箭筈豌豆	11.02	321	35387	3450
	毛苕子（非绿肥）	1.32	500	6600	

4-17　各地区分种类一年生饲草生产情况（续）

单位：万亩、千克/亩、吨

地　区	饲草种类	当年 种草面积	干草 平均产量	干草 总产量	青贮量
	青贮青饲高粱	24.63	1524	375376	71833
	青贮玉米	372.27	1040	3870001	7462890
	饲用块根块茎作物	1.89	1235	23340	1
	饲用青稞	0.19	608	1155	
	苏丹草	0.05	466	233	
	小黑麦	10.01	650	65060	2000
	饲用燕麦	164.33	582	955997	32300
	其他一年生饲草	43.53	572	249110	
青　海		**205.24**	**702**	**1441281**	**1434439**
	箭筈豌豆	0.50	912	4560	
	青贮玉米	32.73	1154	377739	813277
	小黑麦	1.63	803	13088	5000
	饲用燕麦	168.38	611	1029234	566162
	其他一年生饲草	2.00	833	16660	50000
宁　夏		**271.95**	**930**	**2530092**	**3432950**
	草谷子	4.17	328	13680	
	黑麦	4.15	731	30350	
	青贮青饲高粱	13.88	1322	183450	
	青贮玉米	155.52	1264	1965649	3382008
	苏丹草	10.06	386	38815	
	小黑麦	2.90	572	16586	2701

4-17 各地区分种类一年生饲草生产情况（续）

单位：万亩、千克/亩、吨

地　区	饲草种类	当年种草面积	干草平均产量	干草总产量	青贮量
	饲用燕麦	71.92	318	228590	6001
	其他一年生饲草	9.35	567	52972	42240
新　疆		**516.23**	**1179**	**6088688**	**7225706**
	草木樨	7.35	557	40886	28028
	大麦	5.30	395	20940	1000
	多花黑麦草	1.22	680	8296	
	青贮青饲高粱	11.88	1608	190968	24452
	青贮玉米	473.13	1218	5763054	7031614
	饲用块根块茎作物	5.44	606	32968	28000
	苏丹草	0.02	700	140	
	饲用燕麦	1.02	304	3100	500
	其他一年生饲草	10.88	260	28336	112112
新疆兵团		**22.98**	**1371**	**315195**	**405367**
	草木樨	0.10	455	459	1
	青贮玉米	22.48	1394	313336	405366
	饲用燕麦	0.30	200	600	
	其他一年生饲草	0.10	800	800	
黑龙江农垦		**24.05**	**921**	**221572**	**385453**
	青贮玉米	23.91	924	220874	384475
	饲用燕麦	0.14	491	698	978

4-18　各地区青贮玉米生产情况

单位：万亩、千克/亩、吨

饲草种类	当年种植面积	干草平均产量	干草总产量	青贮量
合　计	**3630.08**	1152	**41809728**	**65816956**
天　津	28.36	757	214718	707930
河　北	336.53	963	3240679	7706059
山　西	104.95	996	1026724	1375129
内蒙古	892.23	1022	9116919	13261840
辽　宁	87.38	2320	2027445	2440528
吉　林	84.49	930	786061	683488
黑龙江	108.98	727	792047	2506147
江　苏	26.18	1571	411415	139528
安　徽	109.80	1550	1701542	2514945
福　建	1.09	1896	20705	7000
江　西	3.35	974	32619	32765
山　东	175.70	870	1529193	4782956
河　南	138.76	940	1303669	2763315
湖　北	30.19	2028	612271	662950
湖　南	42.45	1377	584603	1359905

4-18　各地区青贮玉米生产情况（续）

单位：万亩、千克/亩、吨

饲草种类	当年种植面积	干草平均产量	干草总产量	青贮量
广　东	0.49	1592	7800	21060
广　西	14.55	1455	211663	84922
重　庆	5.88	1039	61057	77054
四　川	58.64	1431	839432	655567
贵　州	38.60	2329	899000	587561
云　南	124.91	2115	2641470	1703232
西　藏	3.55	509	18088	22323
陕　西	133.00	917	1219956	2241122
甘　肃	372.27	1040	3870001	7462890
青　海	32.73	1154	377739	813277
宁　夏	155.52	1264	1965649	3382008
新　疆	473.13	1218	5763054	7031614
新疆兵团	22.48	1394	313336	405366
黑龙江农垦	23.91	924	220874	384475

4-19　各地区多花黑麦草生产情况

单位：万亩、千克/亩、吨

地　区	当年种草面积	干草平均产量	干草总产量	青贮量
合　计	392.17	1287	5048008	742075
黑龙江	0.57	1800	10170	33900
江　苏	1.27	1227	15572	2023
安　徽	10.73	677	72608	16261
福　建	2.75	1480	40708	1141
江　西	23.22	1070	248501	73039
湖　北	47.11	1334	628611	85341
湖　南	14.33	1284	184065	17886
广　东	12.59	1059	133270	3470
广　西	6.38	1006	64166	11171
重　庆	7.99	1241	99085	21656
四　川	135.39	1597	2161791	135059
贵　州	50.25	1294	650263	202019
云　南	77.99	933	727944	138989
陕　西	0.38	719	2761	
甘　肃	0.01	2000	200	120
新　疆	1.22	680	8296	

4-20　各地区饲用燕麦生产情况

单位：万亩、千克/亩、吨

地　区	当年种草面积	干草平均产量	干草总产量	青贮量
合　计	**635.02**	**532**	**3378099**	**755791**
天　津	0.72	350	2520	7801
河　北	6.21	376	23378	13809
山　西	15.75	325	51177	
内蒙古	139.40	550	766290	59298
吉　林	2.30	404	9290	500
江　西	0.03	470	155	50
山　东	0.59	862	5087	11907
河　南	0.50	450	2250	3500
湖　北	0.36	600	2160	
湖　南	0.23	669	1532	1
重　庆	0.00	430	13	
四　川	5.35	778	41593	8336
贵　州	0.02	430	86	
云　南	5.08	425	21569	662
西　藏	39.44	376	148347	43986
陕　西	12.94	652	84434	
甘　肃	164.33	582	955997	32300
青　海	168.38	611	1029234	566162
宁　夏	71.92	318	228590	6001
新　疆	1.02	304	3100	500
新疆兵团	0.30	200	600	
黑龙江农垦	0.14	491	698	978

4-21　各地区牧区半牧区分种类一年生饲草生产情况

单位：万亩、千克/亩、吨

地　区	饲草种类	当年种草面积	干草平均产量	干草总产量	青贮量
合　计		1963.29	887	17424098	17260643
河　北		71.42	856	611140	784454
	草木樨	1.35	214	2891	2
	青莜麦	12.90	326	42000	12000
	青贮玉米	53.19	1042	554189	771400
	饲用燕麦	3.98	303	12060	1052
山　西		7.00	426	29800	
	青贮玉米	1.00	1000	10000	
	饲用燕麦	6.00	330	19800	
内蒙古		1023.81	903	9249480	10836044
	草谷子	10.94	167	18293	2410
	草木樨	3.00	200	6000	
	大麦	2.00	500	10000	
	墨西哥类玉米	112.14	1024	1147920	23635
	青莜麦	44.99	104	47013	
	青贮玉米	704.14	1021	7188628	10780208
	饲用块根块茎作物	5.00	1000	50000	1
	饲用燕麦	84.58	628	531116	28790
	其他一年生饲草	57.02	439	250510	1000
辽　宁		44.45	2593	1152593	1460000
	青贮青饲高粱	0.32	1861	5899	

4-21 各地区牧区半牧区分种类一年生饲草生产情况（续）

单位：万亩、千克/亩、吨

地　区	饲草种类	当年 种草面积	干草 平均产量	干草 总产量	青贮量
吉　林	青贮玉米	44.13	2598	1146694	1460000
		15.83	**874**	**138446**	**179859**
	大麦	1.35	479	6467	15510
	青贮玉米	12.17	1008	122647	163849
	饲用燕麦	2.30	404	9290	500
	其他一年生饲草	0.02	280	42	
黑龙江		**55.71**	**676**	**376753**	**1133685**
	青贮玉米	55.71	676	376753	1133685
四　川		**186.38**	**1054**	**1964988**	**14176**
	多花黑麦草	0.97	1899	18330	
	箭筈豌豆	3.42	2405	82255	280
	毛苕子（非绿肥）	114.01	980	1117755	20
	青贮玉米	4.04	1482	59893	6395
	饲用块根块茎作物	23.20	1346	312300	360
	饲用燕麦	4.60	760	34990	7106
	其他一年生饲草	36.14	939	339465	15
云　南		**21.86**	**1110**	**242629**	**510**
	大麦	0.30	420	1260	
	多花黑麦草	0.20	1200	2400	
	箭筈豌豆	0.02	500	75	
	毛苕子（非绿肥）	4.25	300	12750	

4-21 各地区牧区半牧区分种类一年生饲草生产情况（续）

单位：万亩、千克/亩、吨

地 区	饲草种类	当年 种草面积	干草 平均产量	干草 总产量	青贮量
	青贮玉米	0.10	2000	2000	500
	饲用块根块茎作物	7.62	519	39540	10
	饲用青稞	2.51	576	14460	
	饲用燕麦	0.06	240	144	
	其他一年生饲草	6.80	2500	170000	
西 藏		**41.19**	**335**	**138146**	**43985**
	箭筈豌豆	2.75	600	16500	
	青贮玉米	0.06	500	315	
	饲用块根块茎作物	1.85	351	6500	
	饲用青稞	3.41	114	3900	
	小黑麦	3.60	160	5760	
	饲用燕麦	29.51	356	105171	43985
甘 肃		**189.03**	**664**	**1255301**	**146120**
	草谷子	5.90	107	6313	
	箭筈豌豆	0.56	218	1221	
	青贮青饲高粱	9.38	2000	187600	
	青贮玉米	28.09	865	242950	129120
	饲用青稞	0.19	608	1155	
	小黑麦	10.01	650	65060	2000
	饲用燕麦	123.19	571	702802	15000

4-21 各地区牧区半牧区分种类一年生饲草生产情况（续）

单位：万亩、千克/亩、吨

地　区	饲草种类	当年种草面积	干草平均产量	干草总产量	青贮量
	其他一年生饲草	11.71	412	48200	
青　海		**104.15**	**616**	**641164**	**808139**
	青贮玉米	9.87	1065	105059	394077
	饲用燕麦	92.28	563	519444	364062
	其他一年生饲草	2.00	833	16660	50000
宁　夏		**89.73**	**477**	**428150**	**141000**
	草谷子	4.17	328	13680	
	青贮青饲高粱	3.38	2382	80450	
	青贮玉米	8.30	1200	99600	141000
	苏丹草	10.01	385	38540	
	饲用燕麦	63.87	307	195880	
新　疆		**112.73**	**1060**	**1195509**	**1712671**
	草木樨	3.80	653	24800	
	大麦	1.30	380	4940	
	多花黑麦草	1.22	680	8296	
	青贮玉米	103.32	1103	1140042	1712171
	饲用块根块茎作物	2.00	700	14000	
	苏丹草	0.02	700	140	
	饲用燕麦	1.02	304	3100	500
	其他一年生饲草	0.05	360	191	

4-22　各地区牧区分种类一年生饲草生产情况

单位：万亩、千克/亩、吨

地　区	饲草种类	当年 种草面积	干草 平均产量	干草 总产量	青贮量
合　计		641.39	771	4944697	3136356
内蒙古		321.27	867	2785016	1489382
	草谷子	8.94	159	14193	2410
	墨西哥类玉米	67.14	1056	708920	9000
	青莜麦	13.99	199	27813	
	青贮玉米	169.44	953	1614028	1451183
	饲用燕麦	32.74	750	245552	25789
	其他一年生饲草	29.02	601	174510	1000
黑龙江		11.42	545	62228	186439
	青贮玉米	11.42	545	62228	186439
四　川		41.32	617	254882	3833
	多花黑麦草	0.02	1500	300	
	箭筈豌豆	0.05	530	265	
	毛苕子（非绿肥）	27.45	592	162475	
	青贮玉米	0.08	780	593	230
	饲用燕麦	3.67	700	25699	3603
	其他一年生饲草	10.05	652	65550	
西　藏		14.34	231	33122	10200
	饲用青稞	3.41	114	3900	
	饲用燕麦	10.93	267	29222	10200

4-22 各地区牧区分种类一年生饲草生产情况（续）

单位：万亩、千克/亩、吨

地 区	饲草种类	当年种草面积	干草平均产量	干草总产量	青贮量
甘 肃		**44.74**	**625**	**279425**	**17700**
	箭筈豌豆	0.05	300	150	
	青贮玉米	0.09	3000	2700	2700
	饲用青稞	0.19	608	1155	
	小黑麦	10.01	650	65060	2000
	饲用燕麦	33.04	616	203560	13000
	其他一年生饲草	1.36	500	6800	
青 海		**84.35**	**605**	**509989**	**574492**
	青贮玉米	6.17	1291	79619	221877
	饲用燕麦	76.18	543	413709	302615
	其他一年生饲草	2.00	833	16660	50000
宁 夏		**45.87**	**535**	**245560**	**141000**
	青贮玉米	8.30	1200	99600	141000
	苏丹草	7.20	340	24480	
	饲用燕麦	30.37	400	121480	
新 疆		**78.09**	**992**	**774476**	**713310**
	草木樨	3.20	700	22400	
	多花黑麦草	1.22	680	8296	
	青贮玉米	73.65	1010	743680	712810
	饲用燕麦	0.02	500	100	500

4-23　各地区半牧区分种类一年生饲草生产情况

单位：万亩、千克/亩、吨

地　区	饲草种类	当年 种草面积	干草 平均产量	干草 总产量	青贮量
合　计		1321.90	944	12479401	14124287
河　北		71.42	856	611140	784454
	草木樨	1.35	214	2891	2
	青莜麦	12.90	326	42000	12000
	青贮玉米	53.19	1042	554189	771400
	饲用燕麦	3.98	303	12060	1052
山　西		7.00	426	29800	
	青贮玉米	1.00	1000	10000	
	饲用燕麦	6.00	330	19800	
内蒙古		702.54	920	6464464	9346662
	草谷子	2.00	205	4100	
	草木樨	3.00	200	6000	
	大麦	2.00	500	10000	
	墨西哥类玉米	45.00	976	439000	14635
	青莜麦	31.00	62	19200	
	青贮玉米	534.70	1043	5574600	9329025
	饲用块根块茎作物	5.00	1000	50000	1
	饲用燕麦	51.84	551	285564	3001
	其他一年生饲草	28.00	271	76000	
辽　宁		44.45	2593	1152593	1460000
	青贮青饲高粱	0.32	1861	5899	
	青贮玉米	44.13	2598	1146694	1460000
吉　林		15.83	874	138446	179859
	大麦	1.35	479	6467	15510
	青贮玉米	12.17	1008	122647	163849
	饲用燕麦	2.30	404	9290	500

4-23　各地区半牧区分种类一年生饲草生产情况（续）

单位：万亩、千克/亩、吨

地　区	饲草种类	当年 种草面积	干草 平均产量	干草 总产量	青贮量
	其他一年生饲草	0.02	280	42	
黑龙江		**44.29**	**710**	**314524**	**947246**
	青贮玉米	44.29	710	314524	947246
四　川		**145.07**	**1179**	**1710106**	**10343**
	多花黑麦草	0.95	1908	18030	
	箭筈豌豆	3.37	2433	81990	280
	毛苕子（非绿肥）	86.56	1104	955280	20
	青贮玉米	3.97	1496	59300	6165
	饲用块根块茎作物	23.20	1346	312300	360
	饲用燕麦	0.94	994	9291	3503
	其他一年生饲草	26.09	1050	273915	15
云　南		**21.86**	**1110**	**242629**	**510**
	大麦	0.30	420	1260	
	多花黑麦草	0.20	1200	2400	
	箭筈豌豆	0.02	500	75	
	毛苕子（非绿肥）	4.25	300	12750	
	青贮玉米	0.10	2000	2000	500
	饲用块根块茎作物	7.62	519	39540	10
	饲用青稞	2.51	576	14460	
	饲用燕麦	0.06	240	144	
	其他一年生饲草	6.80	2500	170000	
西　藏		**26.85**	**391**	**105024**	**33785**
	箭筈豌豆	2.75	600	16500	
	青贮玉米	0.06	500	315	
	饲用块根块茎作物	1.85	351	6500	

4-23　各地区半牧区分种类一年生饲草生产情况（续）

单位：万亩、千克/亩、吨

地 区	饲草种类	当年 种草面积	干草 平均产量	干草 总产量	青贮量
	小黑麦	3.60	160	5760	
	饲用燕麦	18.58	409	75949	33785
甘 肃		**144.29**	**676**	**975876**	**128420**
	草谷子	5.90	107	6313	
	箭筈豌豆	0.51	210	1071	
	青贮青饲高粱	9.38	2000	187600	
	青贮玉米	28.00	858	240250	126420
	饲用燕麦	90.15	554	499242	2000
	其他一年生饲草	10.35	400	41400	
青 海		**19.80**	**663**	**131175**	**233647**
	青贮玉米	3.70	688	25440	172200
	饲用燕麦	16.10	657	105735	61447
宁 夏		**43.86**	**416**	**182590**	
	草谷子	4.17	328	13680	
	青贮青饲高粱	3.38	2382	80450	
	苏丹草	2.81	500	14060	
	饲用燕麦	33.50	222	74400	
新 疆		**34.65**	**1215**	**421033**	**999361**
	草木樨	0.60	400	2400	
	大麦	1.30	380	4940	
	青贮玉米	29.68	1336	396362	999361
	饲用块根块茎作物	2.00	700	14000	
	苏丹草	0.02	700	140	
	饲用燕麦	1.00	300	3000	
	其他一年生饲草	0.05	360	191	

四、商品草生产情况

4-24 2016-2020年全国分种类商品草生产面积情况

单位：万亩

饲草种类	饲草类别	2016 年	2017 年	2018 年	2019 年	2020 年
合　计		**2617.25**	**2002.17**	**1458.40**	**1630.01**	**1347.23**
	多年生	**2364.11**	**1560.81**	**1081.54**	**1163.11**	**838.23**
白三叶				1.60		
冰草			2.50			
串叶松香草				0.03	0.03	0.20
多年生黑麦草		2.22	1.86	0.04	0.53	2.44
狗尾草			1.00	0.10	0.44	0.33
红豆草		4.00	26.00	8.50	8.30	6.72
红三叶			0.20	0.41	0.40	0.05
碱茅			93.00			
菊苣		1.67	0.02			
狼尾草		7.49	3.60	4.57	4.25	3.06
老芒麦		0.60	0.28	0.74	1.35	0.80
猫尾草		1.80	1.50	1.79	4.00	4.17
木本蛋白饲料			1.70	1.36	2.49	2.23
牛鞭草		1.37	2.03	0.72	0.73	0.68
披碱草		101.30	3.78	0.50	47.34	10.30
三叶草		2.25				
羊草		1562.04	789.49	412.87	427.26	174.25
紫花苜蓿		677.58	625.69	607.45	658.81	629.40

4-24　2016–2020年全国分种类商品草生产面积情况（续）

单位：万亩

饲草种类	饲草类别	2016 年	2017 年	2018 年	2019 年	2020 年
其他多年生饲草		1.80	8.17	40.86	7.18	3.61
	一年生	**253.14**	**441.36**	**376.86**	**466.90**	**509.00**
草谷子		0.05	2.00	6.50	0.00	
大麦				0.40	0.95	1.35
黑麦		0.15	12.02	1.83	0.90	0.28
多花黑麦草		6.52	8.36	4.82	3.71	4.47
高粱苏丹草杂交种		0.17				
箭筈豌豆		0.05	0.38	0.46	0.56	0.66
毛苕子（非绿肥）		0.50	12.50	5.50	0.40	9.90
墨西哥类玉米		1.32	2.32	44.09	23.45	58.21
青莜麦		1.00		0.20		0.23
青贮青饲高粱		0.61	3.86	3.34	2.93	301.42
青贮玉米		100.00	185.68	194.09	308.55	
饲用甘蓝		0.10	0.20			
饲用块根块茎作物		0.1				
苏丹草		0.17	50.23	0.28	0.00	0.92
小黑麦				3.85	0.03	1.58
饲用燕麦		50.26	95.63	97.64	106.60	121.81
籽粒苋		1.01	0.15	0.75	0.75	0.23
紫云英（非绿肥）			0.70		0.45	0.86
其他一年生饲草		91.16	67.34	13.12	17.63	7.08

4-25　全国及牧区半牧区

区　域	饲草种类	饲草类别	生产面积	干草平均产量
全　国			**1347.23**	**739**
		多年生	**838.23**	**527**
	串叶松香草		0.20	1100
	多年生黑麦草		2.44	1114
	狗尾草		0.33	1001
	红豆草		6.72	768
	红三叶		0.05	700
	狼尾草		3.06	2624
	老芒麦		0.80	266
	猫尾草		4.17	600
	木本蛋白饲料		2.23	1716
	牛鞭草		0.68	1808
	披碱草		10.30	311
	羊草		174.25	115
	紫花苜蓿		629.40	615
	其他多年生饲草		3.61	1970
		一年生	**509.00**	**1089**
	大麦		1.35	479
	黑麦		0.28	1202
	多花黑麦草		4.47	936
	箭筈豌豆		0.66	411
	毛苕子（非绿肥）		9.90	811
	墨西哥类玉米		58.21	886
	青贮青饲高粱		0.23	1731

分种类商品草生产情况

单位：万亩、千克/亩、吨

干草总产量	商品干草产量	商品干草销售量	青贮量	青贮销售量
9960589	**2978971**	**2113573**	**7534555**	**5150984**
4418962	**1702156**	**1371966**	**969672**	**699942**
2200	300			
27145	3250	1250	1500	500
3312	1212	612	1700	1500
51580	5240	3000	1200	650
350	300			
80263	13720	150	119610	80490
2130	2100	1950	10	
25002	25000	25000		
38314	300	300	85828	65608
12309				
32070	29179	29100		
199936	170271	167206	4555	4555
3873191	1436712	1135906	558885	406798
71160	14573	7493	196384	139841
5541627	**1276815**	**741608**	**6564883**	**4451042**
6467			15510	
3306			2500	
41876	24	24	15309	14559
2709	414	414	1800	1800
80250	56550	40800	31	11
515777	363700	60500	255500	7000
3895	1500	1200	26400	23500

4-25 全国及牧区半牧区

区　域	饲草种类	饲草类别	生产面积	干草平均产量
牧区半牧区	青贮玉米		301.42	1327
	苏丹草		0.92	1966
	小黑麦		1.58	775
	饲用燕麦		121.81	673
	籽粒苋		0.23	400
	紫云英（非绿肥）		0.86	1208
	其他一年生饲草		7.08	366
			482.95	**575**
		多年生	**359.91**	**410**
	红豆草		0.20	620
	红三叶		0.05	700
	老芒麦		0.30	210
	猫尾草		4.17	600
	披碱草		10.30	311
	羊草		137.52	120
	紫花苜蓿		207.38	603
		一年生	**123.04**	**1061**
	大麦		1.35	479
	多花黑麦草		0.01	1660
	毛苕子（非绿肥）		2.40	1625
	青贮玉米		50.72	1604
	饲用燕麦		61.56	683
	其他一年生饲草		7.00	358
牧区			**170.61**	**798**

分种类商品草生产情况（续）

单位：万亩、千克/亩、吨

干草总产量	商品干草产量	商品干草销售量	青贮量	青贮销售量
4000406	523930	401068	5892808	4326630
18149			425	400
12240	12240	6240		
819315	314536	227441	354600	77142
920	920	920		
10388	3000	3000		
25930				
2778683	**712472**	**614584**	**1088238**	**795293**
1473848	**489163**	**443420**	**102972**	**29607**
1240	1240	1000	200	50
350	300			
630	600	600	10	
25002	25000	25000		
32070	29179	29100		
165167	142117	141117		
1249390	290727	246603	102762	29557
1304835	**223309**	**171164**	**985266**	**765686**
6467			15510	
116	20	20	200	180
39000	15300	13000	31	11
813772	38700	25000	802725	765495
420430	169289	133144	166800	
25050				
1362149	**284763**	**250668**	**105176**	**98112**

4-25 全国及牧区半牧区

区　域	饲草种类	饲草类别	生产面积	干草平均产量
		多年生	**111.36**	**645**
	老芒麦		0.30	210
	披碱草		10.00	311
	羊草		4.97	150
	紫花苜蓿		96.09	706
		一年生	**59.26**	**1087**
	饲用燕麦		39.50	793
	青贮玉米		12.96	2373
	其他一年生饲草		6.80	350
半牧区			**312.34**	**454**
		多年生	**248.56**	**304**
	红豆草		0.20	620
	红三叶		0.05	700
	猫尾草		4.17	600
	披碱草		0.30	342
	羊草		132.55	119
	紫花苜蓿		111.29	513
		一年生	**63.78**	**1035**
	大麦		1.35	479
	多花黑麦草		0.01	1660
	毛苕子（非绿肥）		2.40	1625
	青贮玉米		37.77	1341
	饲用燕麦		22.06	486
	其他一年生饲草		0.20	625

分种类商品草生产情况（续）

干草总产量	商品干草产量	商品干草销售量	青贮量	青贮销售量
717803	**134668**	**126718**	**1514**	**300**
630	600	600	10	
31050	28500	28500		
7455	7455	7455		
678668	98113	90163	1504	300
644346	**150095**	**123950**	**103662**	**97812**
313169	125095	98950	5800	
307377	25000	25000	97862	97812
23800				
1416535	**427709**	**363916**	**983062**	**697181**
756046	**354495**	**316702**	**101458**	**29307**
1240	1240	1000	200	50
350	300			
25002	25000	25000		
1020	679	600		
157712	134662	133662		
570723	192614	156440	101258	29257
660489	**73214**	**47214**	**881604**	**667874**
6467			15510	
116	20	20	200	180
39000	15300	13000	31	11
506395	13700		704863	667683
107261	44194	34194	161000	
1250				

4-26 各地区分种类

地 区	饲草种类	生产面积	干草平均产量	干草总产量
合　计		**1347.23**	**739**	**9960589**
河　北		**40.00**	**814**	**325724**
	老芒麦	0.50	300	1500
	青贮玉米	14.09	902	127067
	紫花苜蓿	25.41	776	197157
山　西		**16.84**	**553**	**93178**
	青贮玉米	4.03	941	37908
	饲用燕麦	9.70	321	31110
	紫花苜蓿	3.11	777	24160
内蒙古		**258.47**	**818**	**2114119**
	墨西哥类玉米	54.50	750	408750
	青贮玉米	52.27	1551	810953
	饲用燕麦	23.46	845	198216
	紫花苜蓿	121.43	554	672400
	其他一年生饲草	6.80	350	23800
辽　宁		**0.58**	**2616**	**15092**
	青贮玉米	0.58	2616	15092
吉　林		**82.71**	**165**	**136528**
	大麦	1.35	479	6467
	青贮玉米	0.74	980	7291
	饲用燕麦	2.00	450	9000
	羊草	71.53	82	58443
	紫花苜蓿	7.09	780	55327
黑龙江		**107.14**	**220**	**235310**
	青贮玉米	6.44	890	57373
	羊草	83.84	146	121997

商品草生产情况

单位：万亩、千克/亩、吨

商品干草产量	商品干草销售量	青贮量	青贮销售量
2978971	**2113573**	**7534555**	**5150984**
169329	**168849**	**465937**	**354660**
1500	1350		
11930	11930	398920	293060
155899	155569	67017	61600
31200	**23400**	**109770**	**52500**
		94080	42500
28800	21000		
2400	2400	15690	10000
477480	**153108**	**1075585**	**820397**
360000	60000	250000	5000
		825585	815397
10833	10633		
106647	82475		
13700			
13700			
79757	**60158**	**133436**	**32555**
		15510	
		13371	
32493	30158	4555	4555
47264	30000	100000	28000
165463	**165463**	**187938**	**187664**
846	846	180938	180664
118577	118577		

4-26 各地区分种类

地　　区	饲草种类	生产面积	干草平均产量	干草总产量
	紫花苜蓿	16.86	332	55940
江　苏		**1.13**	**2039**	**23077**
	青贮玉米	1.13	2039	23065
	多花黑麦草	0.00	1200	12
安　徽		**14.43**	**1445**	**208550**
	多年生黑麦草	0.05	110	55
	青贮玉米	10.32	1954	201694
	苏丹草	0.00	650	13
	紫花苜蓿	3.60	100	3600
	紫云英（非绿肥）	0.46	693	3188
江　西		**2.38**	**1894**	**45050**
	多花黑麦草	0.87	1000	8690
	狼尾草	1.28	2769	35440
	籽粒苋	0.23	400	920
山　东		**11.27**	**906**	**102091**
	青贮玉米	7.12	934	66516
	紫花苜蓿	4.15	858	35575
河　南		**23.51**	**1067**	**250803**
	串叶松香草	0.20	1100	2200
	多年生黑麦草	0.03	1000	250
	木本蛋白饲料	1.81	1465	26510
	青贮玉米	13.98	1110	155161
	饲用燕麦	0.50	450	2250
	紫花苜蓿	6.99	922	64432
湖　北		**12.40**	**2074**	**257157**
	黑麦	0.17	1500	2550

商品草生产情况（续）

单位：万亩、千克/亩、吨

商品干草产量	商品干草销售量	青贮量	青贮销售量
46040	46040	7000	7000
4	**4**	**15000**	
		15000	
4	4		
187020	**187020**	**92860**	**77815**
182020	182020	92835	77815
		25	
2000	2000		
3000	3000		
920	**920**	**50000**	**19817**
		13000	12620
		37000	7197
920	920		
21424	**21324**	**299434**	**228654**
		240726	187510
21424	21324	58708	41144
23391	**15647**	**377813**	**301026**
300			
250	250		
		74488	54268
		184588	129678
2250			
20591	15397	118737	117080
5710	**2810**	**45500**	**18101**
		2500	

4-26 各地区分种类

地　区	饲草种类	生产面积	干草平均产量	干草总产量
	多花黑麦草	0.13	1305	1736
	多年生黑麦草	2.07	1000	20710
	狗尾草	0.33	1000	3300
	墨西哥类玉米	3.20	2975	95200
	青贮青饲高粱	0.05	3000	1500
	青贮玉米	4.69	2186	102536
	苏丹草	0.90	2000	18016
	紫花苜蓿	0.34	903	3079
	紫云英（非绿肥）	0.40	1800	7200
	其他多年生饲草	0.03	1500	450
	其他一年生饲草	0.08	1100	880
湖　南		**10.48**	**1267**	**132840**
	红豆草	0.92	3000	27600
	箭筈豌豆	0.33	150	495
	狼尾草	0.00	2000	40
	墨西哥类玉米	0.30	3000	9000
	木本蛋白饲料	0.30	3000	9000
	牛鞭草	0.68	1808	12309
	青贮青饲高粱	0.05	398	199
	青贮玉米	7.80	926	72197
	紫花苜蓿	0.10	2000	2000
广　东		**0.40**	**2200**	**8800**
	狼尾草	0.40	2200	8800
广　西		**2.29**	**1665**	**38138**
	多年生黑麦草	0.13	2771	3630
	狼尾草	0.19	2325	4465

商品草生产情况（续）

单位：万亩、千克/亩、吨

商品干草产量	商品干草销售量	青贮量	青贮销售量
3000	1000	1500	500
1200	600	500	300
		2000	
1500	1200	1000	800
10	10	38000	16501
30310	**3400**	**22650**	**21300**
		200	150
3000			
300	300	1500	1500
25010	3010	19650	19650
2000	90	1300	
		28600	**28600**
		28600	28600
16575	**16475**	**70291**	**57704**
20	0.1	26600	21050

4-26 各地区分种类

地　区	饲草种类	生产面积	干草平均产量	干草总产量
	青贮玉米	1.40	1177	16507
	其他多年生饲草	0.57	2392	13536
海　南		**0.02**	**3000**	**630**
	其他多年生饲草	0.02	3000	630
重　庆		**0.43**	**2601**	**11108**
	多花黑麦草	0.03	1318	435
	狼尾草	0.39	2709	10673
四　川		**19.71**	**1454**	**286526**
	多花黑麦草	3.44	902	31003
	多年生黑麦草	0.16	1563	2500
	箭筈豌豆	0.15	1200	1800
	狼尾草	0.48	3000	14400
	老芒麦	0.30	210	630
	毛苕子（非绿肥）	2.40	1625	39000
	墨西哥类玉米	0.21	1327	2827
	披碱草	0.08	410	340
	青贮青饲高粱	0.02	3000	600
	青贮玉米	10.89	1494	162681
	其他多年生饲草	1.38	2145	29494
	其他一年生饲草	0.20	625	1250
贵　州		**1.74**	**1640**	**28552**
	狼尾草	0.31	2072	6445
	青贮青饲高粱	0.11	1520	1596
	青贮玉米	1.31	1549	20211
	其他多年生饲草	0.02	1500	300
云　南		**11.16**	**933**	**104069**

商品草生产情况（续）

单位：万亩、千克/亩、吨

商品干草产量	商品干草销售量	青贮量	青贮销售量
12000	12000	21101	15101
4555	4475	22590	21553
		26158	22165
		2109	1759
		24049	20406
33320	14120	241654	213599
20	20	200	180
		1800	1800
13500		300	300
600	600	10	
15300	13000	31	11
700	500	3500	2000
		20000	18000
3200		152055	128050
		63758	63258
218	168	23497	18367
200	150	2861	2787
		5400	4700
		15200	10850
18	18	36	30
55745	32334	179678	111233

4-26 各地区分种类

地 区	饲草种类	生产面积	干草平均产量	干草总产量
	狗尾草	0.00	1200	12
	毛苕子（非绿肥）	7.50	550	41250
	青贮玉米	2.02	1758	35581
	紫花苜蓿	0.03	1400	476
	其他多年生饲草	1.60	1672	26750
西 藏		**2.42**	**399**	**9662**
	箭筈豌豆	0.18	230	414
	披碱草	0.22	316	679
	青贮玉米	0.50	642	3210
	小黑麦	0.08	300	240
	饲用燕麦	1.45	354	5118
陕 西		**63.95**	**730**	**466721**
	黑麦	0.11	720	756
	木本蛋白饲料	0.12	2280	2804
	青贮玉米	21.65	976	211368
	苏丹草	0.02	600	120
	饲用燕麦	0.14	750	1013
	紫花苜蓿	41.92	598	250660
甘 肃		**376.37**	**762**	**2868790**
	红豆草	5.80	413	23980
	红三叶	0.05	700	350
	猫尾草	4.17	600	25002
	青贮玉米	76.59	1308	1001340
	饲用燕麦	21.26	597	126920
	紫花苜蓿	268.51	630	1691198
青 海		**95.06**	**751**	**713560**

商品草生产情况（续）

单位：万亩、千克/亩、吨

商品干草产量	商品干草销售量	青贮量	青贮销售量
12	12	1200	1200
41250	27800		
4463	1502	67475	54030
20	20	1003	1003
10000	3000	110000	55000
6451	**5712**	**14700**	**14700**
414	414		
679	600		
		14700	14700
240	240		
5118	4458		
100576	**18512**	**446899**	**348242**
		9840	9840
		434859	336402
		400	400
100576	18512	1800	1600
949093	**769317**	**2221004**	**1554503**
5240	3000	1200	650
300			
25000	25000		
223250	142250	2066420	1452220
76540	62500	14800	3800
618763	536567	138584	97833
232795	**162800**	**738115**	**247542**

4-26　各地区分种类

地　区	饲草种类	生产面积	干草平均产量	干草总产量
	披碱草	10.00	311	31050
	青贮玉米	19.85	1126	223522
	小黑麦	1.50	800	12000
	饲用燕麦	62.31	710	442188
	紫花苜蓿	1.40	343	4800
宁　夏		**88.41**	**715**	**632030**
	青贮玉米	7.80	1431	111600
	紫花苜蓿	80.61	646	520430
新　疆		**59.06**	**931**	**549730**
	青贮玉米	19.95	1533	305964
	饲用燕麦	1.00	350	3500
	紫花苜蓿	38.11	631	240267
新疆兵团		**20.63**	**1283**	**264708**
	青贮玉米	16.22	1425	231216
	紫花苜蓿	4.41	760	33492
黑龙江农垦		**24.25**	**157**	**38048**
	青贮玉米	0.04	906	353
	羊草	18.89	103	19496
	紫花苜蓿	5.33	342	18199

商品草生产情况（续）

单位：万亩、千克/亩、吨

商品干草产量	商品干草销售量	青贮量	青贮销售量
28500	28500		
		398315	174200
12000	6000		
187495	125350	339800	73342
4800	2950		
188158	**176814**	**257743**	**102531**
18000	18000	221008	72000
170158	158814	36735	30531
143774	**71490**	**276004**	**259520**
25001	25000	274300	259120
3500	3500		
115273	42990	1704	400
15278	**14178**	**122840**	**46340**
4500	4500	122840	46340
10778	9678		
31281	**29551**	**11449**	**11449**
		842	842
19201	18471		
12080	11080	10607	10607

第五部分

农闲田统计

一、农闲田面积情况

5-1 全国及牧区半牧区农闲田面积情况

单位：万亩

指　　标		全国	牧区半牧区		
			合计	牧区	半牧区
可利用面积	合　计	**9916.7**	**624.6**	**205.3**	**419.2**
	冬闲田	5260.8	344.2	116.6	227.6
	夏秋闲田	1655.7	118.8	36.8	82.0
	果园隙地	1305.7	38.6	1.3	37.3
	四边地	882.8	48.7	0.8	47.9
	其他	811.7	74.3	49.8	24.5
已种草面积	合　计	**1172.3**	**252.6**	**69.0**	**183.6**
	冬闲田	584.4	194.0	37.6	156.4
	夏秋闲田	305.8	42.7	30.3	12.4
	果园隙地	97.4	5.3	0.1	5.2
	四边地	69.7	4.3	0.3	4.0
	其他	114.9	6.3	0.7	5.6

5-2　各地区农闲田

地　区	农闲田可利用面积					
	合计	冬闲田	夏秋闲田	果园隙地	四边地	其他
全　国	**9916.68**	**5260.79**	**1655.68**	**1305.69**	**882.83**	**811.69**
河　北	58.47	39.11	16.20	0.61	1.20	1.35
山　西	55.31	16.01	10.96	20.31	5.56	2.46
内蒙古	177.45	69.24	31.05	0.67	30.23	46.26
辽　宁	6.66		6.66			
吉　林	1.33	0.00	0.00	0.01	1.28	0.04
江　苏	15.64	3.63	8.06	1.29	2.28	0.39
安　徽	435.10	277.45	45.40	53.56	28.69	30.00
福　建	266.26	151.66	35.56	33.83	38.69	6.53
江　西	791.27	579.28	79.50	41.39	28.25	62.86
山　东	163.23	91.95	17.06	33.74	8.12	12.37
河　南	121.60	55.83	9.84	19.38	23.83	12.71
湖　北	604.89	303.82	104.85	80.61	63.97	51.64
湖　南	1522.14	871.20	265.61	205.80	56.50	123.03
广　东	408.19	237.39	36.44	63.71	38.82	31.84
广　西	932.20	672.16	54.90	100.64	57.81	46.69
海　南	3.00	0.64	0.30	0.86		1.20
重　庆	504.44	274.53	97.86	70.45	35.98	25.61
四　川	1426.78	678.44	177.50	227.39	198.78	144.68
贵　州	355.58	207.65	69.80	38.09	23.00	17.04
云　南	939.73	457.55	183.98	115.22	78.81	104.17
西　藏	4.69		4.13			0.55
陕　西	261.80	68.35	92.77	63.25	25.86	11.58
甘　肃	374.49	72.32	193.87	53.32	23.37	31.60
青　海	47.13		25.58	0.55		21.00
宁　夏	170.41	130.22	40.10	0.01	0.07	0.01
新　疆	258.74	2.38	42.88	75.97	111.70	25.81
新疆兵团	10.19		4.83	5.07	0.02	0.27

面积情况

单位：万亩

农闲田已种草面积					
合计	冬闲田	夏秋闲田	果园隙地	四边地	其他
1172.28	**584.39**	**305.79**	**97.44**	**69.74**	**114.92**
2.56		2.06	0.10	0.20	0.20
2.22	0.01	1.71	0.20	0.21	0.09
2.81	0.03	1.83	0.66	0.23	0.05
0.06		0.06			
0.47	0.00	0.00	0.00	0.46	0.00
10.90	2.26	7.68	0.13	0.60	0.22
9.84	4.64	1.71	0.72	0.58	2.20
4.28	3.44	0.39	0.17	0.15	0.15
24.75	16.64	2.04	1.14	1.97	2.95
1.50	0.04	0.53	0.30	0.01	0.62
0.49	0.13	0.11	0.11	0.10	0.05
43.45	19.96	12.50	4.36	3.80	2.83
71.75	25.34	10.42	21.85	7.38	6.76
13.35	9.59		0.67	2.19	0.90
18.24	6.42	2.46	3.09	2.53	3.75
0.00					
13.38	4.49	5.08	0.57	1.97	1.27
336.73	251.11	27.35	23.69	18.41	16.16
81.31	56.80	12.79	4.42	2.58	4.73
272.03	149.85	55.56	23.57	18.70	24.34
44.30	0.53	36.20	1.62	1.94	4.01
79.19	2.09	51.88	4.71	4.39	16.11
24.02		13.82	0.05		10.15
54.68	30.29	24.39	0.00	0.00	0.00
59.30	0.75	34.72	5.16	1.33	17.34
0.71		0.51	0.15	0.02	0.03

5-3 各地区牧区半牧区

地　区	农闲田可利用面积					
	合　计	冬闲田	夏秋闲田	果园隙地	四边地	其他
合　计	**624.56**	**344.16**	**118.81**	**38.56**	**48.71**	**74.32**
河　北	1.00		0.50			0.50
山　西	0.20					0.20
内蒙古	146.74	69.21	1.31	0.01	30.00	46.21
辽　宁	6.60		6.60			
吉　林	0.00	0.001				
四　川	339.52	249.29	30.00	29.21	13.92	17.10
云　南	25.64	18.68	2.60	0.80	3.15	0.41
西　藏	4.52		4.13			0.38
甘　肃	64.88		51.62	3.40	0.86	9.00
青　海	6.03		6.03			
宁　夏	22.29	6.79	15.50			
新　疆	7.15	0.19	0.52	5.14	0.78	0.51

5-4 各地区牧区农

地　区	农闲田可利用面积					
	合　计	冬闲田	夏秋闲田	果园隙地	四边地	其他
合　计	**205.35**	**116.58**	**36.81**	**1.30**	**0.82**	**49.84**
内蒙古	115.40	69.20				46.20
四　川	52.01	47.20	0.57	1.20	0.50	2.54
甘　肃	31.00		30.00			1.00
青　海	6.03		6.03			
新　疆	0.91	0.18	0.21	0.10	0.32	0.10

农闲田面积情况

单位：万亩

农闲田已种草面积					
合计	冬闲田	夏秋闲田	果园隙地	四边地	其他
252.57	**194.03**	**42.68**	**5.28**	**4.28**	**6.30**
0.40		0.20			0.20
0.81	0.00	0.80	0.00	0.00	0.00
184.65	170.82	5.08	3.49	0.96	4.30
21.78	17.24	0.90	0.67	2.68	0.29
31.80		30.17	0.41	0.22	1.00
10.81	5.79	5.02			
2.33	0.18	0.51	0.70	0.42	0.50

闲田面积情况

单位：万亩

农闲田已种草面积					
合计	冬闲田	夏秋闲田	果园隙地	四边地	其他
69.01	**37.63**	**30.28**	**0.10**	**0.32**	**0.68**
38.10	37.45	0.07			0.58
30.00		30.00			
0.91	0.18	0.21	0.10	0.32	0.10

5-5 各地区半牧区

地 区	农闲田可利用面积					
	合计	冬闲田	夏秋闲田	果园隙地	四边地	其他
合 计	**419.21**	**227.58**	**82.01**	**37.26**	**47.89**	**24.48**
河 北	1.00		0.50			0.50
山 西	0.20					0.20
内蒙古	31.34	0.01	1.31	0.01	30.00	0.01
辽 宁	6.60		6.60			
吉 林	0.00	0.00				
四 川	287.51	202.09	29.43	28.01	13.42	14.56
云 南	25.64	18.68	2.60	0.80	3.15	0.41
西 藏	4.52		4.13			0.38
甘 肃	33.88		21.62	3.40	0.86	8.00
宁 夏	22.29	6.79	15.50			
新 疆	6.24	0.01	0.31	5.04	0.46	0.41

农闲田面积情况

单位：万亩

农闲田已种草面积					
合计	冬闲田	夏秋闲田	果园隙地	四边地	其他
183.57	**156.40**	**12.41**	**5.18**	**3.96**	**5.62**
0.40		0.20			0.20
0.81	0.00	0.80	0.00	0.00	0.00
146.55	133.37	5.01	3.49	0.96	3.72
21.78	17.24	0.90	0.67	2.68	0.29
1.80		0.17	0.41	0.22	1.00
10.81	5.79	5.02			
1.42	0.00	0.30	0.60	0.10	0.40

二、农闲田种草情况

5-6 全国及牧区半牧区分种类农闲田种草情况

单位：万亩

区　域	饲草种类	合计	冬闲田	夏秋闲田	果园隙地	四边地	其他
全　国		**1172.28**	**584.40**	**305.79**	**97.44**	**69.74**	**114.92**
	白三叶	12.37	0.97	1.08	4.41	1.93	3.98
	冰草	0.15		0.05	0.01	0.01	0.08
	草谷子	1.79		1.57			0.22
	草木樨	2.68	0.01	2.12	0.30	0.10	0.14
	串叶松香草	0.03				0.03	
	大麦	17.32	13.40	1.28	1.71	0.88	0.05
	黑麦	9.79	6.95	0.88	1.16	0.34	0.46
	多花黑麦草	224.94	172.89	7.91	20.45	12.65	11.04
	多花木蓝	0.01	0.00	0.00	0.00	0.00	0.00
	多年生黑麦草	31.84	10.14	4.41	5.26	5.43	6.60
	狗尾草	9.68	2.26	2.87	1.66	1.55	1.35
	狗牙根	0.02	0.02				
	谷稗	0.42	0.11		0.07	0.24	
	红豆草	1.05	0.25	0.20	0.47	0.03	0.10
	红三叶	0.08	0.01	0.00	0.06	0.01	0.01
	箭筈豌豆	17.77	13.56	1.35	2.07	0.01	0.78
	菊苣	1.55	0.04	0.40	0.43	0.45	0.23
	聚合草	0.00			0.00		

5-6　全国及牧区半牧区分种类农闲田种草情况（续）

单位：万亩

区　域	饲草种类	合计	冬闲田	夏秋闲田	果园隙地	四边地	其他
	苦荬菜	0.16	0.02	0.03	0.04	0.05	0.02
	狼尾草	8.90	0.56	0.17	1.50	3.32	3.35
	老芒麦	0.20		0.10			0.10
	罗顿豆	0.32	0.16		0.05	0.11	
	毛苕子（非绿肥）	149.29	140.77	2.57	2.77	0.69	2.49
	墨西哥类玉米	9.43	3.44	2.49	1.06	1.86	0.58
	木本蛋白饲料	0.08	0.04	0.02	0.00	0.00	0.01
	木豆	0.06			0.06		
	柠条	0.01	0.00	0.00	0.00	0.00	0.00
	牛鞭草	0.05	0.01	0.01	0.02	0.01	0.01
	披碱草	0.20		0.10			0.10
	旗草	0.47			0.27	0.13	0.07
	青贮青饲高粱	26.19	6.82	17.27	0.06	0.71	1.33
	青贮玉米	262.08	37.01	160.30	5.21	16.01	43.55
	雀稗	0.00			0.00	0.00	
	沙打旺	0.45		0.13	0.01	0.21	0.10
	饲用块根块茎作物	95.55	64.08	9.87	10.12	7.75	3.73
	饲用青稞	2.59	2.09		0.50		
	苏丹草	13.18	4.43	6.61	0.81	0.64	0.69
	苇状羊茅	0.71			0.54	0.04	0.14
	小黑麦	41.08	16.75	19.07	3.39	1.36	0.52
	鸭茅	2.48	0.06	0.51	0.21	0.23	1.48

5-6 全国及牧区半牧区分种类农闲田种草情况（续）

单位：万亩

区 域	饲草种类	合计	冬闲田	夏秋闲田	果园隙地	四边地	其他
牧区半牧区	饲用燕麦	54.38	1.50	41.95	0.40	0.47	10.06
	羊草	0.01	0.00	0.00	0.00	0.00	0.00
	银合欢	0.00			0.00		
	柱花草	0.39			0.24	0.08	0.08
	籽粒苋	0.41		0.07	0.04	0.16	0.15
	紫花苜蓿	41.07	7.18	9.02	8.66	5.17	11.04
	紫云英（非绿肥）	8.20	6.04	1.31	0.34	0.07	0.43
	其他多年生饲草	21.24	5.26	2.42	2.92	4.44	6.20
	其他一年生饲草	101.64	67.58	7.66	20.18	2.57	3.67
		252.57	**194.03**	**42.68**	**5.28**	**4.28**	**6.30**
	白三叶	0.25				0.12	0.13
	草谷子	1.17		1.17			
	草木樨	0.30			0.10	0.10	0.10
	大麦	0.30	0.30				
	多花黑麦草	0.83	0.40	0.10	0.21	0.11	0.01
	多年生黑麦草	2.64	1.02	0.17	0.83	0.40	0.22
	箭筈豌豆	2.79	0.72	0.10	1.95	0.01	0.01
	菊苣	0.21			0.18	0.02	0.01
	老芒麦	0.20		0.10			0.10
	毛苕子（非绿肥）	116.26	114.06		0.10		2.10
	柠条	0.01	0.00	0.00	0.00	0.00	0.00

5-6 全国及牧区半牧区分种类农闲田种草情况（续）

单位：万亩

区 域	饲草种类	合计	冬闲田	夏秋闲田	果园隙地	四边地	其他
	披碱草	0.20		0.10			0.10
	青贮青饲高粱	3.18	3.18				
	青贮玉米	4.31	2.00	2.30	0.00	0.00	0.00
	饲用块根块茎作物	30.78	27.72	0.70		2.36	
	饲用青稞	1.59	1.59				
	苏丹草	2.61	2.61				
	苇状羊茅	0.50			0.50		
	小黑麦	10.00		10.00			
	饲用燕麦	25.20	0.06	25.01	0.00	0.04	0.09
	紫花苜蓿	4.12	0.18	0.43	1.15	0.73	1.62
	其他多年生饲草	2.24		0.10	0.05	0.29	1.80
	其他一年生饲草	42.89	40.19	2.40	0.20	0.10	
牧 区		**69.01**	**37.63**	**30.28**	**0.10**	**0.32**	**0.68**
	毛苕子（非绿肥）	27.45	27.45				
	小黑麦	10.00		10.00			
	饲用燕麦	20.10		20.07			0.03
	紫花苜蓿	0.91	0.18	0.21	0.10	0.32	0.10
	其他多年生饲草	0.55					0.55
	其他一年生饲草	10.00	10.00				
半牧区		**183.57**	**156.40**	**12.41**	**5.18**	**3.96**	**5.62**
	白三叶	0.25				0.12	0.13
	草谷子	1.17		1.17			

5-6 全国及牧区半牧区分种类农闲田种草情况（续）

单位：万亩

区　域	饲草种类	合计	冬闲田	夏秋闲田	果园隙地	四边地	其他
	草木樨	0.30			0.10	0.10	0.10
	大麦	0.30	0.30				
	多花黑麦草	0.83	0.40	0.10	0.21	0.11	0.01
	多年生黑麦草	2.64	1.02	0.17	0.83	0.40	0.22
	箭筈豌豆	2.79	0.72	0.10	1.95	0.01	0.01
	菊苣	0.21			0.18	0.02	0.01
	老芒麦	0.20		0.10			0.10
	毛苕子（非绿肥）	88.81	86.61		0.10		2.10
	柠条	0.01	0.00	0.00	0.00	0.00	0.00
	披碱草	0.20		0.10			0.10
	青贮青饲高粱	3.18	3.18				
	青贮玉米	4.31	2.00	2.30	0.00	0.00	0.00
	饲用块根块茎作物	30.78	27.72	0.70		2.36	
	饲用青稞	1.59	1.59				
	苏丹草	2.61	2.61				
	苇状羊茅	0.50			0.50		
	饲用燕麦	5.11	0.06	4.94	0.00	0.04	0.06
	紫花苜蓿	3.21	0.00	0.22	1.05	0.41	1.52
	其他多年生饲草	1.69		0.10	0.05	0.29	1.25
	其他一年生饲草	32.89	30.19	2.40	0.20	0.10	

5-7　各地区分种类农闲田种草情况

单位：万亩

地　区	饲草种类	合计	冬闲田	夏秋闲田	果园隙地	四边地	其他
合　计		1172.28	584.39	305.79	97.44	69.74	114.92
河　北		**2.56**		**2.06**	**0.10**	**0.20**	**0.20**
	老芒麦	0.20		0.10			0.10
	披碱草	0.20		0.10			0.10
	青贮青饲高粱	0.20		0.10		0.10	
	青贮玉米	1.91		1.71	0.10	0.10	
	紫花苜蓿	0.05		0.05			
山　西		**2.22**	**0.01**	**1.71**	**0.20**	**0.21**	**0.09**
	青贮玉米	2.22	0.01	1.71	0.20	0.21	0.09
内蒙古		**2.81**	**0.03**	**1.83**	**0.66**	**0.23**	**0.05**
	柠条	0.01	0.00	0.00	0.00	0.00	0.00
	青贮玉米	0.67	0.02	0.15	0.35	0.12	0.03
	饲用燕麦	1.54	0.00	1.54	0.00	0.00	0.00
	紫花苜蓿	0.60	0.01	0.14	0.31	0.11	0.02
辽　宁		**0.06**		**0.06**			
	青贮玉米	0.06		0.06			
吉　林		**0.47**	**0.00**	**0.00**	**0.00**	**0.46**	**0.00**
	青贮玉米	0.46				0.46	0.00
	羊草	0.01	0.00	0.00	0.00	0.00	0.00
	紫花苜蓿	0.00				0.00	
江　苏		**10.90**	**2.26**	**7.68**	**0.13**	**0.60**	**0.22**
	白三叶	0.00	0.00				
	大麦	2.00	2.00				
	黑麦	0.22	0.13	0.01	0.05	0.04	0.00
	多花黑麦草	0.42	0.10	0.19	0.05	0.06	0.03

5-7　各地区分种类农闲田种草情况（续）

单位：万亩

地　区	饲草种类	合计	冬闲田	夏秋闲田	果园隙地	四边地	其他
	多年生黑麦草	0.03	0.01	0.02	0.00	0.00	
	菊苣	0.04	0.00	0.03	0.00	0.00	0.01
	青贮玉米	7.31	0.01	7.23	0.02	0.03	0.02
	饲用块根块茎作物	0.78		0.16		0.46	0.16
	苏丹草	0.01	0.00	0.01			
	紫花苜蓿	0.03	0.01		0.01	0.01	
	其他一年生饲草	0.05		0.04	0.00	0.01	
安　徽		**9.84**	**4.64**	**1.71**	**0.72**	**0.58**	**2.20**
	大麦	1.25	0.63	0.30	0.16	0.10	0.05
	多花黑麦草	3.92	3.30	0.12	0.23	0.12	0.14
	多年生黑麦草	0.06	0.01	0.01	0.01	0.01	0.01
	狗牙根	0.02	0.02				
	菊苣	0.39	0.02	0.01	0.13	0.11	0.13
	墨西哥类玉米	0.01		0.01	0.00	0.00	0.00
	牛鞭草	0.00	0.00	0.00			
	青贮青饲高粱	0.17					0.17
	青贮玉米	3.50	0.44	1.20	0.07	0.11	1.67
	饲用块根块茎作物	0.20			0.10	0.10	
	苏丹草	0.08		0.06	0.01	0.01	0.01
	小黑麦	0.17	0.17				
	紫花苜蓿	0.02		0.00	0.00	0.00	0.01
	紫云英（非绿肥）	0.05	0.05				
福　建		**4.28**	**3.44**	**0.39**	**0.17**	**0.15**	**0.15**
	黑麦	0.04	0.02		0.01	0.01	
	多花黑麦草	0.84	0.74	0.02	0.06	0.02	0.00

5-7 各地区分种类农闲田种草情况（续）

单位：万亩

地 区	饲草种类	合计	冬闲田	夏秋闲田	果园隙地	四边地	其他
	多年生黑麦草	0.02	0.02				
	狗尾草	0.11			0.05	0.05	0.01
	狼尾草	0.15	0.01	0.01	0.01	0.01	0.11
	墨西哥类玉米	0.89	0.63	0.18	0.03	0.03	0.02
	青贮玉米	0.18		0.18			
	小黑麦	0.15	0.12			0.03	
	紫云英（非绿肥）	1.89	1.89		0.00		
	其他多年生饲草	0.00					0.00
	其他一年生饲草	0.00	0.00	0.00		0.00	0.00
江 西		**24.75**	**16.64**	**2.04**	**1.14**	**1.97**	**2.95**
	白三叶	0.00				0.00	
	多花黑麦草	18.13	15.07		0.69	0.79	1.58
	菊苣	0.05			0.01	0.03	0.01
	狼尾草	1.16			0.05	0.26	0.86
	墨西哥类玉米	0.59		0.30	0.11	0.13	0.04
	青贮青饲高粱	0.18		0.10	0.00	0.01	0.07
	青贮玉米	1.92		1.56	0.03	0.14	0.20
	饲用块根块茎作物	0.33				0.31	0.02
	苏丹草	0.39		0.08	0.12	0.18	0.02
	饲用燕麦	0.01	0.01			0.01	0.00
	籽粒苋	0.23				0.12	0.11
	紫花苜蓿	0.06			0.03	0.00	0.03
	紫云英（非绿肥）	1.68	1.56		0.10	0.01	0.01
山 东		**1.50**	**0.04**	**0.53**	**0.30**	**0.01**	**0.62**
	木本蛋白饲料	0.04	0.04				

5-7 各地区分种类农闲田种草情况（续）

单位：万亩

地 区	饲草种类	合计	冬闲田	夏秋闲田	果园隙地	四边地	其他
	青贮玉米	0.85		0.53	0.30	0.00	0.02
	紫花苜蓿	0.61				0.01	0.61
河 南		**0.49**	**0.13**	**0.11**	**0.11**	**0.10**	**0.05**
	黑麦	0.08	0.03	0.01	0.02	0.01	0.01
	多年生黑麦草	0.12	0.03	0.01	0.04	0.02	0.02
	木本蛋白饲料	0.01	0.00	0.00	0.00	0.00	0.00
	青贮玉米	0.07	0.00	0.03	0.00	0.03	0.00
	紫云英（非绿肥）	0.21	0.06	0.06	0.04	0.03	0.02
	其他多年生饲草	0.01	0.00	0.00	0.00	0.00	0.00
湖 北		**43.45**	**19.96**	**12.50**	**4.36**	**3.80**	**2.83**
	白三叶	0.17	0.07	0.04	0.03	0.02	0.02
	大麦	1.96	1.49	0.27		0.20	
	黑麦	2.43	2.38	0.00	0.00	0.02	0.02
	多花黑麦草	15.96	9.42	1.34	2.43	1.63	1.14
	多年生黑麦草	3.79	1.68	0.81	0.72	0.41	0.17
	狗尾草	0.29	0.02	0.21	0.01	0.03	0.02
	红三叶	0.01	0.01	0.00	0.00	0.00	0.00
	毛苕子（非绿肥）	0.01	0.00	0.00	0.00	0.00	0.00
	墨西哥类玉米	3.15	1.83	0.45	0.43	0.36	0.07
	牛鞭草	0.01	0.00	0.00	0.00	0.00	0.00
	青贮青饲高粱	1.25	0.01	1.21	0.01	0.01	0.01
	青贮玉米	7.87	1.05	5.45	0.24	0.55	0.58
	饲用块根块茎作物	1.15	0.32	0.20	0.20	0.30	0.13
	苏丹草	3.05	0.85	1.41	0.20	0.20	0.38
	鸭茅	0.01	0.00	0.00	0.00	0.00	0.00

5-7 各地区分种类农闲田种草情况（续）

单位：万亩

地 区	饲草种类	合计	冬闲田	夏秋闲田	果园隙地	四边地	其他
	紫花苜蓿	0.59	0.19	0.20	0.07	0.05	0.08
	紫云英（非绿肥）	1.76	0.65	0.90	0.00	0.00	0.20
	其他多年生饲草	0.01	0.00	0.00	0.00	0.00	0.00
	其他一年生饲草	0.01	0.00	0.00	0.00	0.00	0.00
湖 南		**71.75**	**25.34**	**10.42**	**21.85**	**7.38**	**6.76**
	白三叶	1.60	0.26	0.04	0.58	0.10	0.61
	黑麦	3.39	1.93	0.30	0.56	0.26	0.34
	多花黑麦草	5.65	3.77	0.64	0.64	0.17	0.44
	多年生黑麦草	2.94	0.90	0.38	0.55	0.33	0.78
	狗尾草	0.00			0.00		
	红豆草	0.50	0.25		0.25		
	苦荬菜	0.02	0.02	0.01			
	狼尾草	0.36	0.11	0.06	0.07	0.06	0.06
	罗顿豆	0.32	0.16		0.05	0.11	
	毛苕子（非绿肥）	0.03			0.02		0.01
	墨西哥类玉米	1.17	0.45	0.11	0.25	0.19	0.17
	牛鞭草	0.02	0.00	0.00	0.00	0.003	0.00
	青贮青饲高粱	1.74	0.42	1.12	0.01	0.18	0.01
	青贮玉米	6.24	0.59	1.75	0.37	3.30	0.24
	饲用块根块茎作物	13.05	6.00	0.001	4.02	1.01	2.02
	苏丹草	5.01	0.47	4.04	0.37	0.04	0.10
	小黑麦	0.45	0.25	0.03	0.13	0.02	0.02
	紫花苜蓿	1.63	1.03	0.07	0.35	0.12	0.06
	紫云英（非绿肥）	1.87	1.29	0.35	0.20	0.03	
	其他多年生饲草	5.64	2.41	1.48	0.42	0.45	0.88

5-7 各地区分种类农闲田种草情况（续）

单位：万亩

地 区	饲草种类	合计	冬闲田	夏秋闲田	果园隙地	四边地	其他
	其他一年生饲草	20.12	5.05	0.03	13.00	1.01	1.02
广 东		**13.35**	**9.59**		**0.67**	**2.19**	**0.90**
	黑麦	0.70	0.60		0.05		0.05
	多花黑麦草	9.92	8.93		0.35	0.38	0.26
	多年生黑麦草	0.09	0.03		0.03		0.03
	狼尾草	1.61				1.05	0.56
	墨西哥类玉米	0.72				0.72	
	柱花草	0.28			0.24	0.04	
	紫云英（非绿肥）	0.03	0.03				
广 西		**18.24**	**6.42**	**2.46**	**3.09**	**2.53**	**3.75**
	白三叶	0.01			0.00	0.00	0.00
	黑麦	0.03	0.03				
	多花黑麦草	4.82	3.95	0.01	0.36	0.16	0.34
	多年生黑麦草	0.58	0.29	0.00	0.07	0.10	0.12
	狗尾草	0.21	0.01		0.01	0.02	0.16
	狼尾草	1.62	0.05	0.01	0.74	0.35	0.47
	墨西哥类玉米	0.22	0.07	0.10	0.02	0.01	0.02
	青贮玉米	8.25	1.65	2.02	1.33	1.67	1.59
	苏丹草	0.08			0.06		0.02
	小黑麦	0.02	0.01		0.01		
	银合欢	0.00			0.00		
	柱花草	0.12				0.04	0.08
	紫花苜蓿	0.00			0.00	0.00	0.00
	紫云英（非绿肥）	0.20					0.20
	其他多年生饲草	1.62	0.12	0.31	0.48	0.11	0.61

5-7 各地区分种类农闲田种草情况（续）

单位：万亩

地　区	饲草种类	合计	冬闲田	夏秋闲田	果园隙地	四边地	其他
	其他一年生饲草	0.49	0.25	0.01	0.01	0.07	0.14
重　庆		**13.38**	**4.49**	**5.08**	**0.57**	**1.97**	**1.27**
	白三叶	0.46			0.03	0.24	0.19
	串叶松香草	0.03				0.03	
	黑麦	0.12	0.12				
	多花黑麦草	4.52	2.99	0.58	0.14	0.51	0.30
	多年生黑麦草	0.11			0.04	0.03	0.05
	红三叶	0.02			0.01	0.01	0.01
	菊苣	0.03			0.01	0.02	0.00
	聚合草	0.00			0.00		
	苦荬菜	0.00				0.00	
	狼尾草	0.16			0.01	0.09	0.06
	墨西哥类玉米	0.30		0.25		0.00	0.04
	木本蛋白饲料	0.01					0.01
	青贮青饲高粱	1.15		0.85	0.01	0.07	0.23
	青贮玉米	1.42		1.09	0.01	0.03	0.30
	饲用块根块茎作物	4.82	1.38	2.23	0.31	0.90	0.01
	苏丹草	0.14		0.09		0.05	
	紫花苜蓿	0.07				0.01	0.06
	紫云英（非绿肥）	0.01	0.01				
	其他多年生饲草	0.01				0.01	0.01
四　川		**336.73**	**251.11**	**27.35**	**23.69**	**18.41**	**16.16**
	白三叶	2.14	0.10	0.20	0.74	0.69	0.41
	草木樨	0.04					0.04
	大麦	0.36	0.32	0.01	0.03		

5-7 各地区分种类农闲田种草情况（续）

单位：万亩

地 区	饲草种类	合计	冬闲田	夏秋闲田	果园隙地	四边地	其他
	黑麦	1.36	0.58	0.31	0.47		
	多花黑麦草	85.72	64.15	0.75	10.77	5.98	4.06
	多年生黑麦草	7.31	1.59	0.36	1.62	1.53	2.23
	谷稗	0.42	0.11		0.07	0.24	
	红三叶	0.04			0.04	0.00	
	箭筈豌豆	2.77	0.70	0.10	1.95	0.01	0.01
	菊苣	0.43	0.02	0.03	0.14	0.17	0.07
	苦荬菜	0.13		0.03	0.04	0.05	0.02
	狼尾草	1.05			0.11	0.78	0.16
	毛苕子（非绿肥）	112.01	109.81		0.10		2.10
	墨西哥类玉米	1.93		1.08	0.21	0.41	0.23
	牛鞭草	0.01			0.01	0.00	0.00
	青贮青饲高粱	1.28		0.86	0.02	0.33	0.07
	青贮玉米	24.84	2.00	15.75	0.12	5.10	1.86
	饲用块根块茎作物	44.38	34.66	3.37	3.25	1.91	1.19
	苏丹草	1.81	0.50	0.92	0.05	0.18	0.16
	苇状羊茅	0.08			0.02	0.03	0.04
	鸭茅	0.03			0.02	0.01	
	饲用燕麦	0.48		0.35		0.04	0.09
	籽粒苋	0.18		0.07	0.04	0.04	0.04
	紫花苜蓿	1.60	0.01	0.25	0.79	0.09	0.47
	其他多年生饲草	2.58	0.00	0.10	0.13	0.48	1.87
	其他一年生饲草	43.76	36.56	2.83	2.96	0.36	1.04
贵 州		**81.31**	**56.80**	**12.79**	**4.42**	**2.58**	**4.73**
	白三叶	1.44	0.21	0.14	0.74	0.16	0.20

5-7　各地区分种类农闲田种草情况（续）

单位：万亩

地　　区	饲草种类	合计	冬闲田	夏秋闲田	果园隙地	四边地	其他
	多花黑麦草	37.98	33.97	0.99	1.06	0.94	1.02
	多年生黑麦草	5.93	2.94	0.71	0.97	0.45	0.86
	狗尾草	0.20	0.05	0.15			
	红三叶	0.01			0.01		0.00
	箭筈豌豆	13.01	12.84	0.05	0.12		
	菊苣	0.41	0.01	0.30		0.10	0.00
	狼尾草	1.68	0.40	0.09	0.09	0.39	0.71
	毛苕子（非绿肥）	0.01	0.01				
	牛鞭草	0.01					0.01
	青贮青饲高粱	4.18	1.11	2.90			0.17
	青贮玉米	8.98	1.45	7.02	0.01	0.01	0.49
	苇状羊茅	0.13			0.02	0.01	0.10
	小黑麦	0.60	0.60				
	鸭茅	0.60			0.03	0.02	0.55
	饲用燕麦	0.02	0.02				
	紫花苜蓿	0.27	0.22	0.05	0.00	0.00	0.00
	紫云英（非绿肥）	0.50	0.50				
	其他多年生饲草	3.42	1.22	0.14	1.32	0.38	0.36
	其他一年生饲草	1.92	1.25	0.25	0.04	0.13	0.24
云　　南		**272.03**	**149.85**	**55.56**	**23.57**	**18.70**	**24.34**
	白三叶	5.53	0.33	0.67	1.28	0.70	2.56
	大麦	11.76	8.96	0.70	1.52	0.58	
	多花黑麦草	36.89	26.39	3.28	3.64	1.89	1.70
	多年生黑麦草	10.81	2.59	2.12	1.21	2.57	2.33
	狗尾草	8.87	2.18	2.51	1.58	1.45	1.16

5-7 各地区分种类农闲田种草情况（续）

地　区	饲草种类	合计	冬闲田	夏秋闲田	果园隙地	四边地	其他
	箭筈豌豆	0.02	0.02				
	菊苣	0.17		0.01	0.14	0.01	0.01
	狼尾草	1.10			0.42	0.34	0.34
	毛苕子（非绿肥）	35.91	30.95	1.25	2.65	0.69	0.38
	墨西哥类玉米	0.46	0.46				
	木豆	0.06			0.06		
	旗草	0.47			0.27	0.13	0.07
	青贮玉米	59.16	19.71	28.71	1.09	1.60	8.05
	雀稗	0.00			0.00	0.00	
	饲用块根块茎作物	27.62	20.49	3.25	0.92	2.76	0.20
	饲用青稞	2.59	2.09		0.50		
	小黑麦	28.84	15.06	8.73	3.25	1.30	0.50
	鸭茅	1.85	0.06	0.51	0.16	0.20	0.93
	饲用燕麦	1.08	0.88	0.10	0.10		
	紫花苜蓿	7.92	2.15	1.22	1.37	0.57	2.62
	其他多年生饲草	7.86	1.51	0.37	0.57	2.97	2.45
	其他一年生饲草	23.06	16.03	2.16	2.86	0.96	1.06
陕　西		**44.30**	**0.53**	**36.20**	**1.62**	**1.94**	**4.01**
	白三叶	1.01			1.01	0.01	
	黑麦	0.27	0.23			0.00	0.04
	多花黑麦草	0.16	0.12		0.03	0.00	
	多年生黑麦草	0.05	0.05				
	木本蛋白饲料	0.02		0.02			
	青贮青饲高粱	0.02				0.02	

5-7　各地区分种类农闲田种草情况（续）

单位：万亩

地 区	饲草种类	合计	冬闲田	夏秋闲田	果园隙地	四边地	其他
	青贮玉米	38.80		35.31		1.35	2.14
	沙打旺	0.45		0.13	0.01	0.21	0.10
	饲用燕麦	0.14		0.14			
	紫花苜蓿	3.29	0.13	0.58	0.57	0.29	1.72
	其他多年生饲草	0.09		0.02		0.06	0.01
甘　肃		**79.19**	**2.09**	**51.88**	**4.71**	**4.39**	**16.11**
	冰草	0.15		0.05	0.01	0.01	0.08
	草谷子	0.62		0.40			0.22
	多花黑麦草	0.01	0.01				
	红豆草	0.55	0.00	0.20	0.22	0.03	0.10
	箭筈豌豆	1.97		1.20			0.77
	菊苣	0.03		0.02		0.01	
	毛苕子（非绿肥）	1.32		1.32			
	青贮青饲高粱	0.31	0.10	0.21			
	青贮玉米	21.76	0.00	10.80	0.31	0.66	9.98
	饲用块根块茎作物	1.89	1.23	0.66			
	小黑麦	10.00		10.00			
	饲用燕麦	24.26	0.43	22.66	0.30	0.42	0.46
	紫花苜蓿	15.13	0.00	3.50	3.87	3.25	4.50
	其他一年生饲草	1.19	0.32	0.87			
青　海		**24.02**		**13.82**	**0.05**		**10.15**
	青贮玉米	1.69		1.00	0.05		0.64
	饲用燕麦	22.33		12.82			9.51
宁　夏		**54.68**	**30.29**	**24.39**	**0.00**	**0.00**	**0.00**

5-7 各地区分种类农闲田种草情况（续）

单位：万亩

地　区	饲草种类	合计	冬闲田	夏秋闲田	果园隙地	四边地	其他
新　疆	草谷子	1.17		1.17			
	黑麦	1.15	0.90	0.25			
	青贮青饲高粱	5.18	5.18				
	青贮玉米	28.20	10.00	18.20			
	苏丹草	2.61	2.61				
	小黑麦	0.86	0.54	0.31	0.00	0.00	0.00
	饲用燕麦	4.23	0.17	4.05	0.00	0.00	0.00
	紫花苜蓿	3.29	2.89	0.40			
	其他一年生饲草	8.00	8.00				
		59.30	**0.75**	**34.72**	**5.16**	**1.33**	**17.34**
新疆兵团	草木樨	2.64	0.01	2.12	0.30	0.10	0.10
	青贮青饲高粱	10.54	0.00	9.93	0.01	0.00	0.60
	青贮玉米	35.48	0.08	18.64	0.58	0.54	15.64
	饲用块根块茎作物	1.32	0.00	0.00	1.31	0.00	0.00
	苇状羊茅	0.50			0.50		
	饲用燕麦	0.00	0.00	0.00	0.00		
	紫花苜蓿	5.85	0.55	2.55	1.26	0.66	0.83
	其他一年生饲草	2.96	0.10	1.47	1.20	0.03	0.16
		0.71		**0.51**	**0.15**	**0.02**	**0.03**
	青贮玉米	0.25		0.20	0.03	0.02	
	饲用燕麦	0.30		0.30			
	紫花苜蓿	0.07		0.02	0.02		0.03
	其他一年生饲草	0.10		0.10			

5-8 各地区牧区半牧区分种类农闲田种草情况

单位：万亩

地 区	饲草种类	合计	冬闲田	夏秋闲田	果园隙地	四边地	其他
合 计		**252.57**	**194.03**	**42.68**	**5.28**	**4.28**	**6.30**
河 北		**0.40**		**0.20**			**0.20**
	老芒麦	0.20		0.10			0.10
	披碱草	0.20		0.10			0.10
内蒙古		**0.81**	**0.00**	**0.80**	**0.00**	**0.00**	**0.00**
	柠条	0.01	0.00	0.00	0.00	0.00	0.00
	饲用燕麦	0.80	0.00	0.00	0.00	0.00	0.00
	紫花苜蓿	0.01	0.00	0.00	0.00	0.00	0.00
四 川		**184.65**	**170.82**	**5.08**	**3.49**	**0.96**	**4.30**
	白三叶	0.25				0.12	0.13
	多花黑麦草	0.63	0.30	0.10	0.11	0.11	0.01
	多年生黑麦草	2.64	1.02	0.17	0.83	0.40	0.22
	箭筈豌豆	2.77	0.70	0.10	1.95	0.01	0.01
	菊苣	0.05			0.04	0.01	
	毛苕子（非绿肥）	112.01	109.81		0.10		2.10
	青贮玉米	3.90	2.00	1.90			
	饲用块根块茎作物	23.20	23.20				
	饲用燕麦	0.33		0.20		0.04	0.09
	紫花苜蓿	0.91		0.21	0.41	0.07	0.22
	其他多年生饲草	1.87		0.10	0.05	0.20	1.52
	其他一年生饲草	36.09	33.79	2.30			
云 南		**21.78**	**17.24**	**0.90**	**0.67**	**2.68**	**0.29**
	大麦	0.30	0.30				
	多花黑麦草	0.20	0.10		0.10		
	箭筈豌豆	0.02	0.02				

5-8 各地区牧区半牧区分种类农闲田种草情况（续）

单位：万亩

地 区	饲草种类	合计	冬闲田	夏秋闲田	果园隙地	四边地	其他
	菊苣	0.16			0.14	0.01	0.01
	毛苕子（非绿肥）	4.25	4.25				
	青贮玉米	0.10		0.10			
	饲用块根块茎作物	7.58	4.52	0.70		2.36	
	饲用青稞	1.59	1.59				
	饲用燕麦	0.06	0.06				
	紫花苜蓿	0.35			0.23	0.12	
	其他多年生饲草	0.37				0.09	0.28
	其他一年生饲草	6.80	6.40	0.10	0.20	0.10	
甘 肃		**31.80**		**30.17**	**0.41**	**0.22**	**1.00**
	小黑麦	10.00		10.00			
	饲用燕麦	20.16		20.16			
	紫花苜蓿	1.64		0.01	0.41	0.22	1.00
宁 夏		**10.81**	**5.79**	**5.02**			
	草谷子	1.17		1.17			
	青贮青饲高粱	3.18	3.18				
	苏丹草	2.61	2.61				
	饲用燕麦	3.85		3.85			
新 疆		**2.33**	**0.18**	**0.51**	**0.70**	**0.42**	**0.50**
	草木樨	0.30			0.10	0.10	0.10
	青贮玉米	0.31	0.00	0.30	0.00	0.00	0.00
	苇状羊茅	0.50			0.50		
	饲用燕麦	0.00	0.00	0.00	0.00		
	紫花苜蓿	1.22	0.18	0.21	0.10	0.32	0.40

5-9　各地区牧区分种类农闲田种草情况

单位：万亩

地　区	饲草种类	合计	冬闲田	夏秋闲田	果园隙地	四边地	其他
合　计		**69.01**	**37.63**	**30.28**	**0.10**	**0.32**	**0.68**
四　川		**38.10**	**37.45**	**0.07**			**0.58**
	毛苕子（非绿肥）	27.45	27.45				
	饲用燕麦	0.10		0.07			0.03
	其他多年生饲草	0.55					0.55
	其他一年生饲草	10.00	10.00				
甘　肃		**30.00**		**30.00**			
	小黑麦	10.00		10.00			
	饲用燕麦	20.00		20.00			
新　疆		**0.91**	**0.18**	**0.21**	**0.10**	**0.32**	**0.10**
	紫花苜蓿	0.91	0.18	0.21	0.10	0.32	0.10

5-10 各地区半牧区分种类农闲田种草情况

单位：万亩

地 区	饲草种类	合计	冬闲田	夏秋闲田	果园隙地	四边地	其他
合 计		**183.57**	**156.40**	**12.41**	**5.18**	**3.96**	**5.62**
河 北		**0.40**		**0.20**			**0.20**
	老芒麦	0.20		0.10			0.10
	披碱草	0.20		0.10			0.10
内蒙古		**0.81**	**0.00**	**0.80**	**0.00**	**0.00**	**0.00**
	柠条	0.01	0.00	0.00	0.00	0.00	0.00
	饲用燕麦	0.80	0.00	0.80	0.00	0.00	0.00
	紫花苜蓿	0.01	0.00	0.00	0.00	0.00	0.00
四 川		**146.55**	**133.37**	**5.01**	**3.49**	**0.96**	**3.72**
	白三叶	0.25				0.12	0.13
	多花黑麦草	0.63	0.30	0.10	0.11	0.11	0.01
	多年生黑麦草	2.64	1.02	0.17	0.83	0.40	0.22
	箭筈豌豆	2.77	0.70	0.10	1.95	0.01	0.01
	菊苣	0.05			0.04	0.01	
	毛苕子（非绿肥）	84.56	82.36		0.10		2.10
	青贮玉米	3.90	2.00	1.90			
	饲用块根块茎作物	23.20	23.20				
	饲用燕麦	0.23		0.13		0.04	0.06
	紫花苜蓿	0.91		0.21	0.41	0.07	0.22
	其他多年生饲草	1.32		0.10	0.05	0.20	0.97
	其他一年生饲草	26.09	23.79	2.30			
云 南		**21.78**	**17.24**	**0.90**	**0.67**	**2.68**	**0.29**
	大麦	0.30	0.30				
	多花黑麦草	0.20	0.10		0.10		
	箭筈豌豆	0.02	0.02				

5-10　各地区半牧区分种类农闲田种草情况（续）

单位：万亩

地　区	饲草种类	合计	冬闲田	夏秋闲田	果园隙地	四边地	其他
	菊苣	0.16			0.14	0.01	0.01
	毛苕子（非绿肥）	4.25	4.25				
	青贮玉米	0.10		0.10			
	饲用块根块茎作物	7.58	4.52	0.70		2.36	
	饲用青稞	1.59	1.59				
	饲用燕麦	0.06	0.06				
	紫花苜蓿	0.35			0.23	0.12	
	其他多年生饲草	0.37				0.09	0.28
	其他一年生饲草	6.80	6.40	0.10	0.20	0.10	
甘　肃		**1.80**		**0.17**	**0.41**	**0.22**	**1.00**
	饲用燕麦	0.16		0.16			
	紫花苜蓿	1.64		0.01	0.41	0.22	1.00
宁　夏		**10.81**	**5.79**	**5.02**			
	草谷子	1.17		1.17			
	青贮青饲高粱	3.18	3.18				
	苏丹草	2.61	2.61				
	饲用燕麦	3.85		3.85			
新　疆		**1.42**	**0.00**	**0.30**	**0.60**	**0.10**	**0.40**
	草木樨	0.30			0.10	0.10	0.10
	青贮玉米	0.31	0.00	0.30	0.00	0.00	0.00
	苇状羊茅	0.50			0.50		
	饲用燕麦	0.00	0.00	0.00	0.00		
	紫花苜蓿	0.31	0.00	0.00	0.00	0.00	0.30

第六部分

农副资源饲用统计

6-1　全国及牧区半牧区分类别农副资源饲用情况

单位：吨

区　域	类　别	秸秆类			非秸秆类饲用量
		生产量	饲用量	加工饲用量	
全　国		**516366161**	**99426119**	**44927830**	**12161380**
	稻秸	52275159	7720413	1600464	
	麦秸	234670806	10227404	3890447	
	玉米秸	210540534	73704705	36059713	
	其他秸秆	18879662	7773597	3377206	
	饼粕				808798
	豆渣				422410
	甘蔗梢				1233353
	红薯秧				3062271
	花生秧				3064977
	酒糟				1462702
	其他农副资源				2106869
牧区半牧区		**52232659**	**22388761**	**11403702**	**1181574**
	稻秸	3042248	707587	101511	
	麦秸	1571834	799798	298553	
	玉米秸	43895051	18918872	9893090	
	其他秸秆	3723526	1962504	1110548	
	饼粕				237621
	豆渣				920
	红薯秧				318

6-1　全国及牧区半牧区分类别农副资源饲用情况（续）

单位：吨

区　域	类　别	秸秆类			非秸秆类饲用量
		生产量	饲用量	加工饲用量	
牧　区	花生秧				91000
	酒糟				218695
	其他农副资源				633020
		4240325	**2061586**	**698149**	**1400**
	稻秸	236508	8893		
	麦秸	342478	172926	59033	
	玉米秸	2986944	1564998	563486	
	其他秸秆	674395	313369	75630	
	其他农副资源				1400
半牧区		**47992334**	**20328575**	**10705553**	**1180174**
	稻秸	2805740	698694	101511	
	麦秸	1229356	626872	239520	
	玉米秸	40908107	17353874	9329604	
	其他秸秆	3049131	1649135	1034918	
	饼粕				237621
	豆渣				920
	红薯秧				318
	花生秧				91000
	酒糟				218695
	其他农副资源				631620

6-2　各地区分类别农副资源饲用情况

单位：吨

地　区	类　别	秸秆类			非秸秆类饲用量
		生产量	饲用量	加工饲用量	
合　计		516366161	99426119	44927830	12161380
河　北		8018764	2546526	1600665	28575
	麦秸	1688609	12061	2458	
	玉米秸	5965684	2429202	1579267	
	其他秸秆	364471	105263	18940	
	红薯秧				713
	花生秧				27552
	其他农副资源				310
山　西		377490	338390	83390	32090
	玉米秸	217490	197390	37390	
	其他秸秆	160000	141000	46000	
	其他农副资源				32090
内蒙古		25944798	15460315	8766400	502920
	稻秸	646102	375561	65061	
	麦秸	768101	609988	446807	
	玉米秸	20604444	11938716	6311358	
	其他秸秆	3926151	2536050	1943174	
	饼粕				14020
	酒糟				27000
	其他农副资源				461900
辽　宁		6949330	3634796	1299408	241726
	玉米秸	6949330	3634796	1299408	
	花生秧				241726
吉　林		42093930	10160284	4934171	

6-2 各地区分类别农副资源饲用情况（续）

单位：吨

地 区	类 别	秸秆类			非秸秆类 饲用量
		生产量	饲用量	加工饲用量	
黑龙江	稻秸	3260248	681563	152622	
	玉米秸	37906982	9013117	4674037	
	其他秸秆	926700	465604	107512	
	40829472	**6383560**	**2501424**		**485861**
江 苏	稻秸	2137500	73463	33118	
	玉米秸	37034697	6204558	2430440	
	其他秸秆	1657275	105539	37866	
	饼粕				257532
	豆渣				610
	酒糟				227709
	其他农副资源				10
	11965473	**620953**	**327743**		**101035**
安 徽	稻秸	5858914	165205	52449	
	麦秸	4331419	112611	59059	
	玉米秸	1642949	292533	193930	
	其他秸秆	132191	50604	22305	
	饼粕				14470
	豆渣				12
	红薯秧				3402
	花生秧				35022
	酒糟				13
	其他农副资源				48116
	20037507	**2878499**	**1526894**		**139754**
	稻秸	3612613	325064	95235	

6-2　各地区分类别农副资源饲用情况（续）

单位：吨

地　区	类　别	秸秆类			非秸秆类饲用量
		生产量	饲用量	加工饲用量	
	麦秸	6951813	850751	463559	
	玉米秸	8960278	1625584	932334	
	其他秸秆	512803	77100	35766	
	饼粕				35580
	豆渣				21855
	甘蔗梢				200
	红薯秧				44724
	花生秧				10359
	酒糟				610
	其他农副资源				26426
福　建		**479066**	**7099**	**4050**	**19918**
	稻秸	335000	1200		
	玉米秸	144066	5899	4050	
	豆渣				3000
	红薯秧				13867
	花生秧				2300
	酒糟				100
	其他农副资源				651
江　西		**8091063**	**620925**	**83001**	**28393**
	稻秸	8048675	610296	78851	
	玉米秸	36888	7129	650	
	其他秸秆	5500	3500	3500	
	饼粕				218
	豆渣				3927

6-2 各地区分类别农副资源饲用情况（续）

单位：吨

地　区	类　别	秸秆类			非秸秆类饲用量
		生产量	饲用量	加工饲用量	
山　东	甘蔗梢				2004
	红薯秧				5650
	花生秧				12272
	酒糟				4242
	其他农副资源				80
		19999462	**4598462**	**2488611**	**1022582**
	稻秸	194936	15080	5	
	麦秸	3589331	568208	491762	
	玉米秸	16193774	4012569	1996844	
	其他秸秆	21421	2605		
河　南	饼粕				86980
	豆渣				55
	红薯秧				205043
	花生秧				700494
	酒糟				29980
	其他农副资源				30
		227545255	**8240077**	**4157450**	**1955109**
	稻秸	233400	83600	15700	
	麦秸	208621225	3106603	767739	
	玉米秸	18447299	4959237	3338761	
	其他秸秆	243331	90637	35250	
	饼粕				750
	豆渣				2720
	红薯秧				238085

6-2 各地区分类别农副资源饲用情况（续）

单位：吨

地 区	类 别	秸秆类			非秸秆类饲用量
		生产量	饲用量	加工饲用量	
	花生秧				1688144
	酒糟				170
	其他农副资源				25240
湖 北		**4739362**	**1681885**	**680592**	**338690**
	稻秸	1641990	428390	95140	
	麦秸	612500	333700	126100	
	玉米秸	2042150	815835	427625	
	其他秸秆	442722	103960	31727	
	豆渣				750
	红薯秧				114780
	花生秧				151860
	酒糟				9300
	其他农副资源				62000
湖 南		**13441367**	**2018385**	**239240**	**698828**
	稻秸	11341067	1243282	102809	
	麦秸	90950	33380	9780	
	玉米秸	679877	160559	46542	
	其他秸秆	1329473	581164	80109	
	饼粕				258600
	豆渣				39625
	红薯秧				278368
	花生秧				86416
	酒糟				14292
	其他农副资源				21527

6-2　各地区分类别农副资源饲用情况（续）

地　区	类　别	秸秆类			非秸秆类饲用量
		生产量	饲用量	加工饲用量	
广　东		**1214048**	**335664**	**60295**	**198096**
	稻秸	816412	114019	11800	
	玉米秸	384836	220515	48495	
	其他秸秆	12800	1130		
	甘蔗梢				31391
	红薯秧				162684
	花生秧				3981
	其他农副资源				40
广　西		**6156043**	**1043892**	**175206**	**1002375**
	稻秸	2447702	457769	36002	
	玉米秸	1795376	390369	96778	
	其他秸秆	1912965	195754	42426	
	饼粕				5700
	豆渣				1586
	甘蔗梢				764032
	红薯秧				90780
	花生秧				41495
	酒糟				7510
	其他农副资源				91272
海　南		**110250**	**27700**	**27650**	
	玉米秸	110250	27700	27650	
重　庆		**4286236**	**388794**	**85711**	**345357**
	稻秸	2101149	108457	4977	
	麦秸	3360	400		

6-2 各地区分类别农副资源饲用情况（续）

单位：吨

地 区	类 别	秸秆类			非秸秆类饲用量
		生产量	饲用量	加工饲用量	
	玉米秸	2156822	279370	80734	
	其他秸秆	24905	567		
	饼粕				25780
	豆渣				4912
	甘蔗梢				2600
	红薯秧				45695
	花生秧				1400
	酒糟				248110
	其他农副资源				16860
四 川		**13110318**	**3128662**	**1163701**	**2762165**
	稻秸	3242676	772041	168658	
	麦秸	843313	145781	64089	
	玉米秸	7761789	1855930	818212	
	其他秸秆	1262540	354910	112742	
	饼粕				20900
	豆渣				67692
	甘蔗梢				110
	红薯秧				1386894
	花生秧				32706
	酒糟				443653
	其他农副资源				810210
贵 州		**3265312**	**1813181**	**600958**	**516226**
	稻秸	1412186	613554	200584	
	麦秸	6545	405	272	

6-2 各地区分类别农副资源饲用情况（续）

地 区	类 别	秸秆类			非秸秆类饲用量
		生产量	饲用量	加工饲用量	
云 南	玉米秸	1587381	1075622	387802	
	其他秸秆	259200	123600	12300	
	豆渣				15000
	甘蔗梢				7610
	红薯秧				315052
	酒糟				153350
	其他农副资源				25214
		15317318	**7341313**	**2533864**	**1349335**
	稻秸	2632145	1298617	346634	
	麦秸	1504165	1066886	267192	
	玉米秸	9595909	4123143	1540004	
	其他秸秆	1585099	852667	380034	
	饼粕				83921
	豆渣				257747
	甘蔗梢				425406
	红薯秧				103134
	花生秧				656
	酒糟				254345
	其他农副资源				224126
西 藏		**24706**	**24346**	**25**	
	玉米秸	157	47	25	
	其他秸秆	24549	24299		
陕 西		**5465403**	**2428987**	**1126418**	**182632**
	稻秸	470700	55416	480	

6-2　各地区分类别农副资源饲用情况（续）

单位：吨

地 区	类 别	秸秆类			非秸秆类饲用量
		生产量	饲用量	加工饲用量	
	麦秸	890562	220817	96808	
	玉米秸	4022643	2107964	1017405	
	其他秸秆	81498	44790	11725	
	饼粕				477
	豆渣				2659
	红薯秧				53400
	花生秧				28594
	酒糟				39438
	其他农副资源				58064
甘 肃		**16872768**	**10853189**	**5284960**	**170510**
	稻秸	16000	9760	4587	
	麦秸	2025371	1066363	665880	
	玉米秸	13809113	9214008	4477077	
	其他秸秆	1022284	563058	137416	
	其他农副资源				170510
青 海		**1848262**	**907322**	**354230**	
	麦秸	398051	147654	39430	
	玉米秸	907500	494900	264800	
	其他秸秆	542711	264768	50000	
宁 夏		**1670260**	**1277640**	**651440**	**15**
	稻秸	160960	105340	50340	
	麦秸	279300	207900	127000	
	玉米秸	887800	697600	354100	
	其他秸秆	342200	266800	120000	

6-2 各地区分类别农副资源饲用情况（续）

单位：吨

地 区	类 别	秸秆类			非秸秆类饲用量
		生产量	饲用量	加工饲用量	
	其他农副资源				15
新 疆		**11995711**	**9866869**	**3968815**	
	稻秸	261337	156890	85340	
	麦秸	1705314	1484574	232177	
	玉米秸	8966884	7446268	3530310	
	其他秸秆	1062176	779137	120988	
新疆兵团		**1747233**	**585088**	**157630**	**35088**
	稻秸	48637	22572	72	
	麦秸	358221	259022	30035	
	玉米秸	436078	267963	101897	
	其他秸秆	904297	35531	25626	
	豆渣				210
	酒糟				2700
	其他农副资源				32178
黑龙江农垦		**2769954**	**213316**	**43888**	**4100**
	稻秸	1354810	3274		
	麦秸	2656	300	300	
	玉米秸	1292088	206182	41788	
	其他秸秆	120400	3560	1800	
	饼粕				3870
	豆渣				50
	酒糟				180

6-3 各地区牧区半牧区分类别农副资源饲用情况

单位：吨

地 区	类 别	秸秆类			非秸秆类 饲用量
		生产量	饲用量	加工饲用量	
合 计		52232659	22388761	11403702	1181574
河 北		455636	371048	166540	310
	麦秸	3500	2300		
	玉米秸	383980	307000	157600	
	其他秸秆	68156	61748	8940	
	其他农副资源				310
山 西		6000	6000		
	其他秸秆	6000	6000		
内蒙古		20199153	11677104	5889077	44200
	稻秸	646102	375561	65061	
	麦秸	262570	208527	67625	
	玉米秸	17470810	9860096	4808368	
	其他秸秆	1819671	1232920	948023	
	饼粕				12000
	酒糟				27000
	其他农副资源				5200
辽 宁		1396361	836290	551000	91000
	玉米秸	1396361	836290	551000	
	花生秧				91000
吉 林		10531000	2978934	2053300	
	稻秸	830000	190000		

6-3 各地区牧区半牧区分类别农副资源饲用情况（续）

地　区	类　别	秸秆类			非秸秆类饲用量
		生产量	饲用量	加工饲用量	
黑龙江	玉米秸	9591000	2678934	2053300	
	其他秸秆	110000	110000		
		13676900	**3114321**	**1270925**	**415366**
四　川	稻秸	1326800	20168	7168	
	玉米秸	11424900	3049985	1249254	
	其他秸秆	925200	44168	14503	
	饼粕				225621
	酒糟				189745
		1492335	**522677**	**137662**	**613888**
云　南	稻秸	215918	106973	24630	
	麦秸	222241	77084	15280	
	玉米秸	794214	210110	94090	
	其他秸秆	259962	128510	3662	
	豆渣				210
	红薯秧				318
	酒糟				850
	其他农副资源				612510
		155705	**83031**	**8512**	**1810**
	稻秸	7428	5125	65	
	麦秸	44587	24981	752	
	玉米秸	78690	39625	7695	

6-3 各地区牧区半牧区分类别农副资源饲用情况（续）

单位：吨

地 区	类 别	秸秆类			非秸秆类 饲用量
		生产量	饲用量	加工饲用量	
	其他秸秆	25000	13300		
	豆渣				710
	酒糟				1100
西 藏		**5323**	**5323**		
	其他秸秆	5323	5323		
甘 肃		**2475086**	**1415730**	**514394**	**15000**
	稻秸	16000	9760	4587	
	麦秸	595277	212378	105610	
	玉米秸	1665017	1036153	388777	
	其他秸秆	198792	157439	15420	
	其他农副资源				15000
青 海		**217665**	**82341**		
	麦秸	86243	1645		
	其他秸秆	131422	80696		
宁 夏		**549600**	**368400**	**350000**	
	麦秸	150000	100000	100000	
	玉米秸	225600	146000	130000	
	其他秸秆	174000	122400	120000	
新 疆		**1071895**	**927562**	**462292**	
	麦秸	207416	172883	9286	
	玉米秸	864479	754679	453006	

6-4　各地区牧区分类别农副资源饲用情况

单位：吨

地　区	类　别	秸秆类			非秸秆类饲用量
		生产量	饲用量	加工饲用量	
合　计		**4240325**	**2060186**	**698149**	**1400**
内蒙古		**2749792**	**1582043**	**553163**	**1400**
	麦秸	89560	70468	39847	
	玉米秸	2185356	1284502	437686	
	其他秸秆	474876	227073	75630	
	其他农副资源				1400
黑龙江		**738600**	**33700**		
	稻秸	229800	3000		
	玉米秸	468100	30000		
	其他秸秆	40700	700		
四　川		**11928**	**8395**		
	稻秸	6708	5893		
	麦秸	123	68		
	玉米秸	5097	2434		
甘　肃		**196402**	**123650**	**44200**	
	麦秸	150002	88900	18400	
	玉米秸	43003	32250	25800	
	其他秸秆	3397	2500		
青　海		**217665**	**82341**		
	麦秸	86243	1645		
	其他秸秆	131422	80696		
宁　夏		**169600**	**118400**	**100000**	
	玉米秸	145600	116000	100000	
	其他秸秆	24000	2400		
新　疆		**156338**	**111657**	**786**	
	麦秸	16550	11845	786	
	玉米秸	139788	99812		

6-5　各地区半牧区分类别农副资源饲用情况

单位：吨

地　区	类　别	秸秆类			非秸秆类饲用量
		生产量	饲用量	加工饲用量	
合　计		47992334	20328575	10705553	1180174
河　北		455636	371048	166540	310
	麦秸	3500	2300		
	玉米秸	383980	307000	157600	
	其他秸秆	68156	61748	8940	
	其他农副资源				310
山　西		6000	6000		
	其他秸秆	6000	6000		
内蒙古		17449361	10095061	5335914	42800
	稻秸	646102	375561	65061	
	麦秸	173010	138059	27778	
	玉米秸	15285454	8575594	4370682	
	其他秸秆	1344795	1005847	872393	
	饼粕				12000
	酒糟				27000
	其他农副资源				3800
辽　宁		1396361	836290	551000	91000
	玉米秸	1396361	836290	551000	
	花生秧				91000
吉　林		10531000	2978934	2053300	

6-5 各地区半牧区分类别农副资源饲用情况（续）

单位：吨

地　区	类　别	秸秆类			非秸秆类饲用量
		生产量	饲用量	加工饲用量	
黑龙江	稻秸	830000	190000		
	玉米秸	9591000	2678934	2053300	
	其他秸秆	110000	110000		
		12938300	**3080621**	**1270925**	**415366**
四　川	稻秸	1097000	17168	7168	
	玉米秸	10956800	3019985	1249254	
	其他秸秆	884500	43468	14503	
	饼粕				225621
	酒糟				189745
		1480407	**514282**	**137662**	**613888**
云　南	稻秸	209210	101080	24630	
	麦秸	222118	77016	15280	
	玉米秸	789117	207676	94090	
	其他秸秆	259962	128510	3662	
	豆渣				210
	红薯秧				318
	酒糟				850
	其他农副资源				612510
		155705	**83031**	**8512**	**1810**
	稻秸	7428	5125	65	

6-5 各地区半牧区分类别农副资源饲用情况（续）

单位：吨

地 区	类 别	秸秆类			非秸秆类饲用量
		生产量	饲用量	加工饲用量	
西 藏	麦秸	44587	24981	752	
	玉米秸	78690	39625	7695	
	其他秸秆	25000	13300		
	豆渣				710
	酒糟				1100
		5323	**5323**		
	其他秸秆	5323	5323		
甘 肃		**2278684**	**1292080**	**470194**	**15000**
	稻秸	16000	9760	4587	
	麦秸	445275	123478	87210	
	玉米秸	1622014	1003903	362977	
	其他秸秆	195395	154939	15420	
	其他农副资源				15000
宁 夏		**380000**	**250000**	**250000**	
	麦秸	150000	100000	100000	
	玉米秸	80000	30000	30000	
	其他秸秆	150000	120000	120000	
新 疆		**915557**	**815905**	**461506**	
	麦秸	190866	161038	8500	
	玉米秸	724691	654867	453006	

第七部分

草产品加工企业统计

7-1 全国及牧区半牧区分种类

区　域	饲草种类	企业数量	干草		
			合计	草捆	草块
全　国			**3761699**	**2606561**	**247343**
	多年生		**2030188**	**1570752**	**75990**
	白三叶	1			
	多年生黑麦草	6	2782	857	1204
	狗尾草	4	325	230	20
	红豆草	1	205	200	5
	狼尾草	24	4701	4700	0.1
	老芒麦	2	3100	3100	
	猫尾草	1	13800	13800	
	木本蛋白饲料	6	2003	700	1003
	柠条	1	1600		
	披碱草	6	20398	17998	2400
	小冠花	1	150	150	
	羊草	16	186850	128450	3400
	紫花苜蓿	450	1718815	1366742	67958
	其他多年生饲草	37	75460	33825	1
	一年生		**1731511**	**1035809**	**171354**
	草谷子	1	814	814	
	草木樨	2	5200	200	3000
	大麦	3	12467	7467	
	黑麦	3	20220	220	
	多花黑麦草	5	1030	1030	
	箭筈豌豆	3	2600	2600	

草产品加工企业生产情况

单位：家、吨

生产量			青贮生产量
草颗粒	草粉	其他	
568761	**90073**	**248960**	**6042512**
299433	**39118**	**44896**	**895325**
			100
10	701	10	1178
50	15	10	24110
0.1	0.1	0.1	200
0.1	0.1	0.1	114133
			10
	300		28328
1600			3000
55000			
229872	33522	20722	587801
12900	4580	24154	136465
269329	**50956**	**204064**	**5147187**
2000			
	5000		6467
20000			500
			23228
			1800

7-1 全国及牧区半牧区分种类

区 域	饲草种类	企业数量	干草		
			合计	草捆	草块
	墨西哥类玉米	2	10500	10500	
	青莜麦	5	10900	10900	
	青贮青饲高粱	17	67990	56811	10000
	青贮玉米	685	459861	191978	39521
	饲用青稞	2	1594	1594	
	苏丹草	10	20842	20842	
	小黑麦	6	3230	2568	
	饲用燕麦	360	740783	670084	37742
	籽粒苋	1	920		
	其他一年生饲草	48	372561	58201	81090
牧区 半牧区			**1922868**	**1446910**	**112761**
	多年生		**1055161**	**915508**	**27051**
	多年生黑麦草	1	200		
	红豆草	1	205	200	5
	老芒麦	1	600	600	
	猫尾草	1	13800	13800	
	柠条	1	1600		
	披碱草	6	20398	17998	2400
	羊草	12	184200	125800	3400
	紫花苜蓿	188	815627	743960	21246
	其他多年生饲草	6	18530	13150	
	一年生		**867707**	**531402**	**85710**

草产品加工企业生产情况（续）

单位：家、吨

生产量			青贮生产量
草颗粒	草粉	其他	
1	1	1177	6700
18250	38281	171831	4908801
			100
662			2700
3776	1180	28000	148138
		920	
224639	6494	2137	48753
313738	**9552**	**39906**	**216215**
103921	**8680**	**0**	**29960**
	200		
0	0	0	200
			10
1600			
			3000
55000			
45021	5400	0	21250
2300	3080		5500
209817	**872**	**39906**	**186255**

7-1 全国及牧区半牧区分种类

区　域	饲草种类	企业数量	干草		
			合计	草捆	草块
	草谷子	1	814	814	
	草木樨	2	5200	200	3000
	大麦	1	6467	6467	
	箭筈豌豆	2	800	800	
	青贮青饲高粱	13	21811	21811	
	青贮玉米	26	67004	13396	13700
	饲用青稞	2	1594	1594	
	苏丹草	10	20842	20842	
	小黑麦	5	3230	2568	
	饲用燕麦	100	470690	460904	5390
	其他一年生饲草	9	269255	2006	63620
牧　区			**909182**	**581824**	**44036**
	多年生		**463216**	**395270**	**23646**
	老芒麦	1	600	600	
	披碱草	5	18160	15760	2400
	紫花苜蓿	45	431156	370910	21246
	其他多年生饲草	3	13300	8000	
	一年生		**445966**	**186554**	**20390**
	青贮玉米	8	34764		
	饲用青稞	2	1594	1594	
	小黑麦	2	735	73	
	饲用燕麦	35	188873	184887	390
	其他一年生饲草	2	220000		20000

草产品加工企业生产情况（续）

单位：家、吨

生产量			青贮生产量
草颗粒	草粉	其他	
2000			
			6467
20		39888	131028
			100
662			
3596	800		42608
203539	72	18	6053
240558	**8000**	**34764**	**72396**
36300	**8000**		**6510**
			10
			3000
34000	5000		3500
2300	3000		
204258		**34764**	**65886**
		34764	56786
			100
662			
3596			9000
200000			

7-1 全国及牧区半牧区分种类

区 域	饲草种类	企业数量	干草		
			合计	草捆	草块
半牧区			**1013686**	**865086**	**68725**
	多年生		**591945**	**520238**	**3405**
	多年生黑麦草	1	200		
	红豆草	1	205	200	5
	猫尾草	1	13800	13800	
	柠条	1	1600		
	披碱草	1	2238	2238	
	羊草	12	184200	125800	3400
	紫花苜蓿	143	384472	373050	
	其他多年生饲草	3	5230	5150	
	一年生		**421740**	**344848**	**65320**
	草谷子	1	814	814	
	草木樨	2	5200	200	3000
	大麦	1	6467	6467	
	箭筈豌豆	2	800	800	
	青贮青饲高粱	13	21811	21811	
	青贮玉米	18	32240	13396	13700
	苏丹草	10	20842	20842	
	小黑麦	3	2495	2495	
	饲用燕麦	65	281817	276017	5000
	其他一年生饲草	7	49255	2006	43620

草产品加工企业生产情况（续）

单位：家、吨

生产量			青贮生产量
草颗粒	草粉	其他	
73180	**1552**	**5142**	**143819**
67621	**680**	**0.2**	**23450**
	200		
0.1	0.1	0.1	200
1600			
55000			
11021	400	0.1	17750
	80		5500
5559	**872**	**5142**	**120369**
2000			
			6467
20		5124	74242
	800		33608
3539	72	18	6053

7-2 各地区牧区半牧区分种类

地 区	饲草种类	企业数量	干草		
			合计	草捆	草块
合　计			**1922868**	**1446910**	**112761**
河　北			**44605**	**856**	**43620**
	多年生		**650**	**650**	
	其他多年生饲草	1	650	650	
	一年生		**43955**	**206**	**43620**
	草木樨	1	200	200	
	其他一年生饲草	5	43755	6	43620
山　西			**1600**		
	多年生		**1600**		
	柠条	1	1600		
内蒙古			**748232**	**475657**	**37961**
	多年生		**361108**	**335827**	**17961**
	紫花苜蓿	52	347808	327827	17961
	其他多年生饲草	3	13300	8000	
	一年生		**387124**	**139830**	**20000**
	青贮玉米	5	31694	4400	
	饲用燕麦	28	135430	135430	
	其他一年生饲草	2	220000		20000
辽　宁			**13700**		**13700**
	一年生		**13700**		**13700**
	青贮玉米	2	13700		13700

草产品加工企业生产情况

单位：家、吨

生产量			青贮生产量
草颗粒	草粉	其他	
313738	**9552**	**39906**	**216215**
39	**72**	**18**	**53**
39	**72**	**18**	**53**
39	72	18	53
1600			
1600			
1600			
204340	**3000**	**27274**	**43566**
4320	**3000**		**6192**
2020			6192
2300	3000		
200020		**27274**	**37774**
20		27274	37774
200000			

7-2 各地区牧区半牧区分种类

地　区	饲草种类	企业数量	干草		
			合计	草捆	草块
吉　林			**99635**	**99234**	**400**
	多年生		**86168**	**85767**	**400**
	羊草	5	49200	48800	400
	紫花苜蓿	5	36968	36967	0.1
	一年生		**13467**	**13467**	
	大麦	1	6467	6467	
	青贮青饲高粱	1	5000	5000	
	其他一年生饲草	1	2000	2000	
黑龙江			**157334**	**87720**	**3000**
	多年生		**145720**	**87720**	**3000**
	羊草	7	135000	77000	3000
	紫花苜蓿	2	8220	8220	
	其他多年生饲草	1	2500	2500	
	一年生		**11614**		
	青贮玉米	11	11614		
四　川			**2598**	**1998**	
	多年生		**1960**	**1360**	
	多年生黑麦草	1	200		
	老芒麦	1	600	600	
	披碱草	2	760	760	
	紫花苜蓿	1	400		

草产品加工企业生产情况（续）

单位：家、吨

生产量			青贮生产量
草颗粒	草粉	其他	
1			**12467**
1			
1			
			12467
			6467
			6000
55000		**11614**	**36395**
55000			
55000			
		11614	**36395**
		11614	36395
	600		**3210**
	600		**3010**
	200		
			10
			3000
	400		

7-2 各地区牧区半牧区分种类

地 区	饲草种类	企业数量	干草		
			合计	草捆	草块
	一年生		**638**	**638**	
	青贮玉米	1	20	20	
	饲用燕麦	1	618	618	
西 藏			**10142**	**10142**	
	一年生		**10142**	**10142**	
	箭筈豌豆	1	500	500	
	饲用青稞	1	1194	1194	
	小黑麦	2	2195	2195	
	饲用燕麦	6	6253	6253	
甘 肃			**597776**	**545932**	**6005**
	多年生		**319966**	**281880**	**1005**
	红豆草	1	205	200	5
	猫尾草	1	13800	13800	
	紫花苜蓿	82	303881	265880	1000
	其他多年生饲草	1	2080	2000	
	一年生		**277809**	**264051**	**5000**
	箭筈豌豆	1	300	300	
	青贮玉米	6	9976	8976	
	小黑麦	3	1035	373	
	饲用燕麦	41	262998	254402	5000
	其他一年生饲草	1	3500		

草产品加工企业生产情况（续）

单位：家、吨

生产量			青贮生产量
草颗粒	草粉	其他	
			200
			200
389658	**5880**	**1000**	**79316**
32000	**5080**	**0.2**	**10958**
0.1	0.1	0.1	200
32000	5000	0.1	5258
	80		5500
6958	**800**	**1000**	**68358**
		1000	54358
662			
2796	800		14000
3500			

7-2　各地区牧区半牧区分种类

| 地　区 | 饲草种类 | 企业数量 | | 干草 | |
			合计	草捆	草块
青　海			**80410**	**76820**	**2790**
	多年生		**25638**	**23238**	**2400**
	披碱草	4	19638	17238	2400
	紫花苜蓿	2	6000	6000	
	一年生		**54771**	**53581**	**390**
	饲用燕麦	6	54771	53581	390
宁　夏			**81067**	**81067**	
	多年生		**31981**	**31981**	
	紫花苜蓿	40	31981	31981	
	一年生		**49086**	**49086**	
	草谷子	1	814	814	
	青贮青饲高粱	12	16811	16811	
	青贮玉米	1			
	苏丹草	10	20842	20842	
	饲用燕麦	18	10619	10619	
新　疆			**85770**	**67485**	**5285**
	多年生		**80370**	**67085**	**2285**
	紫花苜蓿	4	80370	67085	2285
	一年生		**5400**	**400**	**3000**
	草木樨	1	5000		3000
	饲用青稞	1	400	400	

草产品加工企业生产情况（续）

单位：家、吨

生产量			青贮生产量
草颗粒	草粉	其他	
800			**28608**
800			**28608**
800			28608
			12100
			9800
			9800
			2300
			2300
13000			**100**
11000			
11000			
2000			**100**
2000			
			100

7-3 各地区牧区分种类

地 区	饲草种类	企业数量	干草		
			合计	草捆	草块
合 计			909182	581824	240558
内蒙古			685767	414232	203300
	多年生		318766	294505	3300
	紫花苜蓿	28	305466	286505	1000
	其他多年生饲草	3	13300	8000	2300
	一年生		367001	119727	200000
	青贮玉米	2	27274		
	饲用燕麦	19	119727	119727	
	其他一年生饲草	2	220000		200000
黑龙江			7710	220	
	多年生		220	220	
	紫花苜蓿	1	220	220	
	一年生		7490		
	青贮玉米	5	7490		
四 川			1978	1978	
	多年生		1360	1360	
	老芒麦	1	600	600	
	披碱草	2	760	760	
	一年生		618	618	
	饲用燕麦	1	618	618	
西 藏			6072	6072	
	一年生		6072	6072	
	饲用青稞	1	1194	1194	
	饲用燕麦	2	4878	4878	

草产品加工企业生产情况

单位：家、吨

生产量			青贮生产量
草颗粒	草粉	其他	
44036	**8000**	**34764**	**72396**
37961	**3000**	**27274**	**31774**
17961	**3000**		
17961			
	3000		
20000		**27274**	**31774**
		27274	31774
20000			
		7490	**22712**
		7490	**22712**
		7490	22712
			3010
			3010
			10
			3000

7-3 各地区牧区分种类

地 区	饲草种类	企业数量	干草		
			合计	草捆	草块
甘 肃			57659	25201	26458
	多年生		48200	19200	23000
	紫花苜蓿	5	48200	19200	23000
	一年生		9459	6001	3458
	小黑麦	2	735	73	662
	饲用燕麦	7	8724	5928	2796
青 海			77496	73906	800
	多年生		23400	21000	
	披碱草	3	17400	15000	
	紫花苜蓿	2	6000	6000	
	一年生		54096	52906	800
	饲用燕麦	4	54096	52906	800
宁 夏			7530	7530	
	多年生		6700	6700	
	紫花苜蓿	7	6700	6700	
	一年生		830	830	
	青贮玉米	1			
	饲用燕麦	2	830	830	
新 疆			64970	52685	10000
	多年生		64570	52285	10000
	紫花苜蓿	2	64570	52285	10000
	一年生		400	400	
	饲用青稞	1	400	400	

草产品加工企业生产情况（续）

单位：家、吨

生产量			青贮生产量
草颗粒	草粉	其他	
1000	**5000**		**12500**
1000	**5000**		**3500**
1000	5000		3500
			9000
			9000
2790			
2400			
2400			
390			
390			
			2300
			2300
			2300
2285			**100**
2285			
2285			
			100
			100

7-4 各地区半牧区分种类

地　区	饲草种类	企业数量	干草		
			合计	草捆	草块
合　计			1013686	865086	73180
河　北			44605	856	39
	多年生		650	650	
	其他多年生饲草	1	650	650	
	一年生		43955	206	39
	草木樨	1	200	200	
	其他一年生饲草	5	43755	6	39
山　西			1600		1600
	多年生		1600		1600
	柠条	1	1600		1600
内蒙古			62465	61425	1040
	多年生		42342	41322	1020
	紫花苜蓿	24	42342	41322	1020
	一年生		20123	20103	20
	青贮玉米	3	4420	4400	20
	饲用燕麦	9	15703	15703	
辽　宁			13700		
	一年生		13700		
	青贮玉米	2	13700		
吉　林			99635	99234	1
	多年生		86168	85767	1
	羊草	5	49200	48800	
	紫花苜蓿	5	36968	36967	1.1
	一年生		13467	13467	
	大麦	1	6467	6467	

草产品加工企业生产情况

单位：家、吨

生产量			青贮生产量
草颗粒	草粉	其他	
68725	**1552**	**5142**	**143819**
43620	**72**	**18**	**53**
43620	**72**	**18**	**53**
43620	72	18	53
			12192
			6192
			6192
			6000
			6000
13700			
13700			
13700			
400			**12467**
400			**0.1**
400			
0.1			0.1
			12467
			6467

7-4 各地区半牧区分种类

地 区	饲草种类	企业数量	合计	草捆	干草 草块
黑龙江	青贮青饲高粱	1	5000	5000	
	其他一年生饲草	1	2000	2000	
			149624	**87500**	**55000**
	多年生		**145500**	**87500**	**55000**
	羊草	7	135000	77000	55000
	紫花苜蓿	1	8000	8000	
	其他多年生饲草	1	2500	2500	
	一年生		**4124**		
	青贮玉米	6	4124		
四 川			**620**	**20**	
	多年生		**600**		
	多年生黑麦草	1	200		
	紫花苜蓿	1	400		
	一年生		**20**	**20**	
	青贮玉米	1	20	20	
西 藏			**4070**	**4070**	
	一年生		**4070**	**4070**	
	箭筈豌豆	1	500	500	
	小黑麦	2	2195	2195	
	饲用燕麦	4	1375	1375	
甘 肃			**540117**	**520731**	**12500**
	多年生		**271766**	**262680**	**9000**
	红豆草	1	205	200	0.1
	猫尾草	1	13800	13800	
	紫花苜蓿	77	255681	246680	9000.1

草产品加工企业生产情况（续）

单位：家、吨

生产量			青贮生产量
草颗粒	草粉	其他	
			6000
3000		**4124**	**13683**
3000			
3000			
		4124	**13683**
		4124	13683
	600		**200**
	600		
	200		
	400		
			200
			200
5005	**880**	**1000**	**66816**
5	**80**	**0.2**	**7458**
5.0	0.1	0.1	200
0.1	0.1	0.1	1758

7-4 各地区半牧区分种类

地　区	饲草种类	企业数量	合计	草捆	干草 草块
	其他多年生饲草	1	2080	2000	
	一年生		**268350**	**258050**	**3500**
	箭筈豌豆	1	300	300	
	青贮玉米	6	9976	8976	
	小黑麦	1	300	300	
	饲用燕麦	34	254274	248474	
	其他一年生饲草	1	3500		3500
青　海			**2913**	**2913**	
	多年生		**2238**	**2238**	
	披碱草	1	2238	2238	
	一年生		**675**	**675**	
	饲用燕麦	2	675	675	
宁　夏			**73537**	**73537**	
	多年生		**25281**	**25281**	
	紫花苜蓿	33	25281	25281	
	一年生		**48256**	**48256**	
	草谷子	1	814	814	
	青贮青饲高粱	12	16811	16811	
	苏丹草	10	20842	20842	
	饲用燕麦	16	9789	9789	
新　疆			**20800**	**14800**	**3000**
	多年生		**15800**	**14800**	**1000**
	紫花苜蓿	2	15800	14800	1000
	一年生		**5000**		**2000**
	草木樨	1	5000		2000

草产品加工企业生产情况（续）

单位：家、吨

生产量			青贮生产量
草颗粒	草粉	其他	
	80		5500
5000	**800**	**1000**	**59358**
		1000	54358
5000	800		5000
			28608
			28608
			28608
			9800
			9800
			9800
3000			
3000			
3000			

7-5 各地区草产品

地 区	牧区半牧区类别	企业名称	饲草种类
合计 **（1547家）** **河北** **（38家）**			
		沧州临港中捷农业发展有限公司	紫花苜蓿
		承德德华种业有限公司	青贮玉米
		承德福茂牧业有限公司	青贮玉米
			紫花苜蓿
		承德燕都牧丰养殖有限公司	其他一年生饲草
	半牧区	承德盈京草业有限公司	草木樨
		赤城县益森种专业合作社	青贮玉米
	半牧区	丰宁满族自治县昊丰草业有限公司	其他一年生饲草
	半牧区	丰宁满族自治县企隆农牧业有限公司	其他一年生饲草
		河北艾禾农业科技有限公司	青贮玉米
			饲用燕麦
			紫花苜蓿
		河北景明农业开发有限公司	青贮玉米
		河北隆阔牧业有限公司	青贮玉米
		河北品源农业开发有限公司	青贮玉米
	半牧区	河北围场红松洼牧工商有限责任公司	其他多年生饲草
		河北中农恒利牧业技术服务有限公司	紫花苜蓿
		怀来县民丰种植专业合作社	其他一年生饲草
		黄骅市丰茂盛园农业科技有限公司	紫花苜蓿
		黄骅市辉华苜蓿种植专业合作社	紫花苜蓿
		黄骅市腾源种植专业合作社	紫花苜蓿
		黄骅市永顺种植专业合作社	紫花苜蓿
	半牧区	金洋牧草加工厂	其他一年生饲草
		晋州市奥丰农业服务有限公司	青贮玉米
		宽城立东养殖有限公司	其他一年生饲草
		平山县金珠苗圃种植专业合作社	紫花苜蓿

加工企业生产情况

单位：家、吨

| 干草生产量 | | | | | | 青贮 |
合计	草捆	草块	草颗粒	草粉	其他	生产量
3761699	2606561	247343	568761	90073	248960	6042512
173383	88041	60940	539	372	23491	378846
						15717
						13000
						10000
1125	1125					
7000		7000				
200	200					
8200	8200					3050
7828		7800	2	20	6	10
9894	3	9850	15	21	5	14
						26457
14400	14400					
25200	25200					
						126400
18200	18200					18200
						10300
650	650					
						14250
3820	3500	320				
4900	4100		500	300		4000
3900	3900					
4160	4160					
2870	2870					
7894	0	7890	2	1	1	11
						2312
7000		7000				
1330	1330					

7-5 各地区草产品

地　区	牧区半牧区类别	企业名称	饲草种类
山西（175 家）	半牧区 半牧区	文安县宝成种养专业合作社	青贮玉米
		文安县锄禾农业科技有限公司	紫花苜蓿
		文安县刘振玉米种植专业合作社	青贮玉米
		文安县启农农业种植有限公司	青贮玉米
		文安县学民种养专业合作社	青贮玉米
		文安县志诚种养专业合作社	青贮玉米
			紫花苜蓿
		无极县海青草料经销处	青贮玉米
		武邑县亿丰粮食种植专业合作社	紫花苜蓿
		献县瑞秸秆青储加工厂	青贮玉米
		香河晟隆奶牛养殖有限公司、香河春山养殖有限公司	青贮玉米
		兴隆县一通新能源科技有限公司	其他一年生饲草
		源众农业开发有限公司	其他一年生饲草
		正发草业有限公司	其他一年生饲草
		中冠牡丹（北京）农业科技有限公司	紫花苜蓿
		遵化市绿康草业有限公司	青贮玉米
		怀仁市奔康牧草开发有限公司	紫花苜蓿
		岚县丰业种植专业合作社	青贮玉米
		岚县祥泰草畜开发有限公司	青贮玉米
		芮城县天宜农机合作社	青贮玉米
		山西合顺源三农科技股份有限公司	青贮玉米
		山西张大牛农牧有限公司	青贮玉米
		朔城区岑伟肉牛养殖场	青贮玉米
		朔城区诚信奶牛养殖专业合作社	青贮玉米
		朔城区飞宏奶牛养殖专业合作社	青贮玉米
		朔城区富营奶牛养殖专业合作社	青贮玉米
		朔城区国雄奶牛养殖专业合作社	青贮玉米

加工企业生产情况（续）

单位：家、吨

干草生产量						青贮生产量
合计	草捆	草块	草颗粒	草粉	其他	
						7500
						4200
						8500
						5000
						7500
						2500
2100					2100	
						538
200	200					
						6900
						25500
3000			3000			
9891	3	9850	15	20	3	14
8248		8230	5	10	3	4
						2850
21373					21373	64119
45351	**43371**		**1600**	**380**		**344444**
700	700					15690
200	200					695
5000	5000					15445
						2800
						7000
						940
						242
						1800
						1006
						5047
						3038

7-5 各地区草产品

地 区	牧区半牧区类别	企业名称	饲草种类
		朔城区继山奶牛养殖专业合作社	青贮玉米
		朔城区金鑫养殖专业合作社	青贮玉米
		朔城区乐诚养殖场	青贮玉米
		朔城区乳源奶牛养殖专业合作社	青贮玉米
		朔城区田苏奶牛养殖专业合作社	青贮玉米
		朔城区通乐奶牛养殖专业合作社	青贮玉米
		朔城区旺胜奶牛养殖专业合作社	青贮玉米
		朔城区祥鸿养殖场	青贮玉米
		朔城区祥太养殖专业合作社	青贮玉米
		朔城区小营向前养殖专业合作社	青贮玉米
		朔城区鑫荣奶牛养殖专业合作社	青贮玉米
		朔城区雁园种牛养殖专业合作社	青贮玉米
		朔城区有斌肉牛养殖场	青贮玉米
		朔城区长利红养殖专业合作社	青贮玉米
		朔城区众嘉生态养殖场专业合作社	青贮玉米
		朔城区助农专业合作社	紫花苜蓿
		朔城区滋润国前奶牛养殖专业合作社	青贮玉米
		朔州绿优农牧有限公司	青贮玉米
		朔州鹏程万达养殖有限公司	青贮玉米
		朔州市彬煜养殖有限公司	青贮玉米
		朔州市博凡达农牧有限公司	青贮玉米
		朔州市大禾农业有限公司	青贮玉米
			饲用燕麦
		朔州市丹原养殖有限公司	青贮玉米
		朔州市鼎盛农牧有限公司	青贮玉米
		朔州市拂晓养殖有限责任公司	青贮玉米
		朔州市福林养殖有限公司	青贮玉米
		朔州市改爱农牧有限公司	青贮玉米
		朔州市广盛源农牧有限公司	青贮玉米

加工企业生产情况（续）

单位：家、吨

干草生产量						青贮 生产量
合计	草捆	草块	草颗粒	草粉	其他	
						3271
						97
						476
						1643
						3092
						2121
						554
						122
						188
						2759
						811
						3927
						918
						1853
						711
1785	1785					
						4064
						532
						416
						627
						572
						15000
500	500					
						928
						770
						105
						643
						4125
						789

7-5　各地区草产品

地　区	牧区半牧区 类别	企业名称	饲草种类
		朔州市海川养殖有限公司	青贮玉米
		朔州市禾林农牧发展有限公司	青贮玉米
		朔州市恒鑫伟农牧有限公司	青贮玉米
		朔州市宏翔养殖有限公司	青贮玉米
		朔州市宏耀养殖有限公司	青贮玉米
		朔州市佳瑶农牧有限公司	青贮玉米
		朔州市建芳奶牛养殖有限公司	青贮玉米
		朔州市建福兴畜牧养殖有限公司	青贮玉米
		朔州市建华养殖有限公司	青贮玉米
		朔州市建杰农牧有限公司	青贮玉米
		朔州市金伟养殖有限公司	青贮玉米
		朔州市久强富农农业科技有限公司	紫花苜蓿
		朔州市骏宝宸农业科技股份有限公司	青贮玉米
			饲用燕麦
			紫花苜蓿
		朔州市开发区保国养殖专业合作社	青贮玉米
		朔州市开发区东东养殖场	青贮玉米
		朔州市开发区凯源养殖有限公司	青贮玉米
		朔州市开发区王德凤养殖户	青贮玉米
		朔州市开发区长长长奶牛养殖场	青贮玉米
		朔州市开发区忠义养殖场	青贮玉米
		朔州市来旺乳业有限公司	青贮玉米
		朔州市立新养殖有限公司	青贮玉米
		朔州市隆祥农牧有限公司	紫花苜蓿
		朔州市鲁六养殖有限公司	青贮玉米
		朔州市旅港肉牛养殖有限公司	青贮玉米
		朔州市绿诚农牧有限公司	青贮玉米
		朔州市苗山农牧科技有限公司	饲用燕麦
		朔州市牛牛养殖有限公司	青贮玉米

加工企业生产情况（续）

单位：家、吨

干草生产量						青贮生产量
合计	草捆	草块	草颗粒	草粉	其他	
						1241
						899
						799
						235
						464
						1839
						3736
						131
						421
						1081
						659
						6170
						70000
4000	4000					
2000	2000					27000
						1013
						1251
						953
						387
						390
						542
						1282
						3216
2000	2000					
						175
						594
						5270
260	260					
						1493

7-5 各地区草产品

地 区	牧区半牧区类别	企业名称	饲草种类
		朔州市平鲁区牧源草业有限公司	饲用燕麦
		朔州市青悦养殖有限公司	青贮玉米
		朔州市荣二养殖场	青贮玉米
		朔州市润所畜牧养殖有限公司	青贮玉米
		朔州市善阳农牧有限公司	青贮玉米
		朔州市澍拯牧业有限公司	青贮玉米
		朔州市朔城柴斌养牛厂	青贮玉米
		朔州市朔城区柴荣种植专业合作社	青贮玉米
		朔州市朔城区春莱养殖场	青贮玉米
		朔州市朔城区翠园养殖厂	青贮玉米
		朔州市朔城区德云养殖场	青贮玉米
		朔州市朔城区锋东养殖专业合作社	青贮玉米
		朔州市朔城区福宝养殖场	青贮玉米
		朔州市朔城区富善养殖场	青贮玉米
		朔州市朔城区高福如肉牛养殖场	青贮玉米
		朔州市朔城区贵龙种植专业合作社	青贮玉米
		朔州市朔城区海义养殖场	青贮玉米
		朔州市朔城区恒睿养殖场	青贮玉米
		朔州市朔城区鸿开奶牛养殖专业合作社	青贮玉米
		朔州市朔城区辉之煌养殖专业合作社	青贮玉米
		朔州市朔城区佳进养殖厂	青贮玉米
		朔州市朔城区建凯奶牛养殖场	青贮玉米
		朔州市朔城区焦四小农牧有限公司	青贮玉米
		朔州市朔城区金熠源养殖专业合作社	饲用燕麦
		朔州市朔城区金源翔养殖场	青贮玉米
		朔州市朔城区锦泰源养殖有限公司	饲用燕麦
		朔州市朔城区句金养殖场	青贮玉米
		朔州市朔城区康牧养殖场	青贮玉米
		朔州市朔城区刘夺养殖场	青贮玉米

加工企业生产情况（续）

干草生产量						青贮生产量
合计	草捆	草块	草颗粒	草粉	其他	
12800	12420			380		
						177
						149
						1230
						514
						2431
						131
						819
						144
						112
						412
						1128
						346
						76
						107
						161
						416
						157
						1647
						281
						114
						1087
						546
2392	2392					
						551
104	104					
						250
						143
						82

7-5 各地区草产品

地 区	牧区半牧区类别	企业名称	饲草种类
		朔州市朔城区刘已养殖场	青贮玉米
		朔州市朔城区龙凤农牧专业合作社	青贮玉米
		朔州市朔城区满盛肉牛养殖场	青贮玉米
		朔州市朔城区密锁养殖场	青贮玉米
		朔州市朔城区苗苗养殖专业合作社	青贮玉米
		朔州市朔城区明金养殖专业合作社	青贮玉米
		朔州市朔城区宁文养殖场	青贮玉米
		朔州市朔城区鹏程养殖场	青贮玉米
		朔州市朔城区鹏鑫养殖场	青贮玉米
		朔州市朔城区平达养殖场	青贮玉米
		朔州市朔城区平录家庭农场	青贮玉米
		朔州市朔城区乔光养殖专业合作社	青贮玉米
		朔州市朔城区清香家庭农场	青贮玉米
		朔州市朔城区泉海养殖场	青贮玉米
		朔州市朔城区仁福农林专业合作社	青贮玉米
		朔州市朔城区仁伟种植专业合作社	紫花苜蓿
		朔州市朔城区荣彩养殖场	青贮玉米
		朔州市朔城区茹花养殖场	青贮玉米
		朔州市朔城区润良养殖场	青贮玉米
		朔州市朔城区山山养殖场	青贮玉米
		朔州市朔城区神鹏奶牛养殖专业合作社	青贮玉米
		朔州市朔城区帅明养殖场	青贮玉米
		朔州市朔城区天梁养殖厂	青贮玉米
		朔州市朔城区田三农牧场	青贮玉米
		朔州市朔城区田实喜养殖场	青贮玉米
		朔州市朔城区维现养殖场	青贮玉米
		朔州市朔城区吴三女养殖场	青贮玉米
		朔州市朔城区武宏平家庭农场	青贮玉米
		朔州市朔城区献军养殖场	青贮玉米

加工企业生产情况（续）

单位：家、吨

干草生产量						青贮生产量
合计	草捆	草块	草颗粒	草粉	其他	
						167
						1742
						392
						119
						160
						3583
						224
						969
						494
						408
						186
						4675
						42
						249
						718
1210	1210					
						302
						312
						416
						900
						275
						220
						722
						291
						383
						135
						1700
						61
						145

地 区	牧区半牧区类别	企业名称	饲草种类
		朔州市朔城区小平易乡祝家庄景成养殖专业合作社	青贮玉米
		朔州市朔城区晓德养殖场	青贮玉米
		朔州市朔城区辛酉养殖场	青贮玉米
		朔州市朔城区新明养殖专业合作社	青贮玉米
		朔州市朔城区新盛文养殖场	青贮玉米
		朔州市朔城区鑫希望养殖场	青贮玉米
		朔州市朔城区鑫欣养殖专业合作社	青贮玉米
		朔州市朔城区杨树湾养殖专业合作社	饲用燕麦
		朔州市朔城区永盛养殖场	青贮玉米
		朔州市朔城区永信养殖专业合作社	青贮玉米
		朔州市朔城区有良养殖场	青贮玉米
		朔州市朔城区峪河养殖场	青贮玉米
		朔州市朔城区增荣养殖场	青贮玉米
		朔州市朔城区张强养殖场	青贮玉米
		朔州市朔城区赵三贵养殖场	青贮玉米
		朔州市朔城区赵三毛养殖场	青贮玉米
		朔州市朔城区振宇农牧有限公司	青贮玉米
		朔州市朔城区郑小元家庭农场	青贮玉米
		朔州市朔城区志成养殖专业合作社	饲用燕麦
		朔州市朔城区志峰养殖场	青贮玉米
		朔州市朔城祚军农牧专业合作社	青贮玉米
		朔州市旺畜源养殖有限公司	青贮玉米
		朔州市谢二养殖有限公司	青贮玉米
		朔州市新瑞昇有限公司	青贮玉米
		朔州市新玉农牧有限公司	饲用燕麦
		朔州市兴亮农牧有限公司	青贮玉米
		朔州市兄弟牧业科技有限公司	青贮玉米
		朔州市旭东昇养殖有限公司	青贮玉米

加工企业生产情况（续）

单位：家、吨

干草生产量						青贮生产量
合计	草捆	草块	草颗粒	草粉	其他	
						496
						39
						131
						1765
						813
						494
						569
300	300					
						475
						378
						756
						3415
						151
						161
						412
						231
						249
						56
500	500					
						81
						382
						3798
						590
						281
4500	4500					
						1069
						893
						727

7-5 各地区草产品

地　区	牧区半牧区类别	企业名称	饲草种类
		朔州市耀官养殖有限公司	青贮玉米
		朔州市益宏养殖有限公司	青贮玉米
		朔州市英梅农牧有限公司	青贮玉米
		朔州市永发养殖有限公司	青贮玉米
		朔州市宇昕养殖有限公司	青贮玉米
		朔州市育宏农牧有限公司	青贮玉米
		朔州市裕旺养殖有限公司	青贮玉米
		朔州市张谢养殖有限公司	青贮玉米
		朔州市珍平农牧有限公司	青贮玉米
		朔州市志红种植有限公司	青贮玉米
		朔州市志领农牧有限公司	青贮玉米
		五台县仁飞农牧发展有限公司	青贮玉米
		五台县驼梁景区材树梁村顺鑫养鸡专业合作社	青贮玉米
		忻府区佰盛草业公司	青贮玉米
		忻府区东伟农机草业专业合作社	青贮玉米
		忻府区金辉农林服务公司	青贮玉米
		忻府区亮胜草业公司	青贮玉米
		忻府区牧胜草业加工厂	青贮玉米
		忻府区生根专业合作社	青贮玉米
		忻府区燕子青青草牧业	青贮玉米
		忻府区志强草业经销社	青贮玉米
	半牧区	右玉县绿之源草业有限公司	柠条
		原平市唐盛农业机械秸秆加工专业合作社	青贮玉米
内蒙古（104家）			
		阿尔山市伊洋经贸有限公司	紫花苜蓿
	牧　区	阿拉善盟圣牧高科生态草业有限公司	青贮玉米
			紫花苜蓿

加工企业生产情况（续）

单位：家、吨

干草生产量						青贮生产量
合计	草捆	草块	草颗粒	草粉	其他	
						590
						489
						784
						411
						185
						612
						552
						278
						362
						1435
						973
						15652
						5500
						5000
						5000
						3000
						2000
						2000
						2000
						6000
						1000
1600			1600			
5500	5500					2950
839099	**565144**	**38461**	**205220**	**3000**	**27274**	**45453**
360	0.1	360				
27274					27274	27274
18576	18576					

7-5　各地区草产品

地　区	牧区半牧区类别	企业名称	饲草种类
	牧　区	巴林右旗北大荒绿草牧业有限公司	饲用燕麦
			紫花苜蓿
	牧　区	巴林右旗牧原兴草业有限责任公司	青贮玉米
	半牧区	巴林左旗超越饲料	青贮玉米
			紫花苜蓿
	半牧区	巴林左旗牧兴源	青贮玉米
	牧　区	巴雅尔草业有限责任公司	紫花苜蓿
	牧　区	巴雅尔有限责任公司	饲用燕麦
	半牧区	巴彦淖尔市圣牧高科生态草业有限公司	饲用燕麦
			紫花苜蓿
		巴彦淖尔市圣星草业有限公司	墨西哥类玉米
			饲用燕麦
		包头市北辰生物技术有限公司	其他一年生饲草
	牧　区	草都公司	紫花苜蓿
		常鑫宏有限公司	饲用燕麦
			紫花苜蓿
	牧　区	赤峰奥亚	紫花苜蓿
	牧　区	赤峰普瑞牧农业科技有限公司	饲用燕麦
			紫花苜蓿
	半牧区	赤峰市牧源草业饲料有限责任公司	青贮玉米
	牧　区	达布希绿业有限公司	饲用燕麦
			紫花苜蓿
	牧　区	达晨农业有限公司	饲用燕麦
			紫花苜蓿
	半牧区	达拉特旗宝丰生态有限公司	饲用燕麦
			紫花苜蓿
	半牧区	达拉特旗东达生态建设有限责公司	紫花苜蓿
	半牧区	达拉特旗阜新种养殖专业合作社	紫花苜蓿
	半牧区	达拉特旗牧乐源种养殖农民专业合作社	饲用燕麦

加工企业生产情况（续）

单位：家、吨

干草生产量						青贮生产量
合计	草捆	草块	草颗粒	草粉	其他	
12000	12000					
8000	8000					
						4500
2020	2000		20			
20			20			
2400	2400					
8000	8000					
8000	8000					
3800	3800					
1900	1900					
4500	4500					
3000	3000					
100			100			
3000	3000					
850	850					
3200	3200					
1828	1828					
17212	17212					
5684	5684					
						6000
5710	5710					
7540	7540					
6585	6585					
9547	9547					
700	700					
2400	2400					
800	800					
1440	1440					1000
3600	3600					

7-5　各地区草产品

地　区	牧区半牧区 类别	企业名称	饲草种类
		地森农业有限责任公司	紫花苜蓿
			饲用燕麦
			紫花苜蓿
	半牧区	磴口县达哈拉图种养殖农民专业合作社	紫花苜蓿
	半牧区	磴口县殿军农机服务农民专业合作社	紫花苜蓿
	半牧区	磴口县东林王家庭农牧场	紫花苜蓿
	半牧区	磴口县鸿旺种养殖农民专业合作社	紫花苜蓿
	半牧区	磴口县华实紫花苜蓿种植专业合作社	紫花苜蓿
	半牧区	磴口县朋祥种养殖农民专业合作社	紫花苜蓿
	半牧区	磴口县三封种养殖农民专业合作社	紫花苜蓿
	半牧区	磴口县昕馨通种养殖农民专业合作社	紫花苜蓿
	半牧区	磴口县益亨种养殖农民专业合作社	饲用燕麦
	牧　区	东诺尔合作社	饲用燕麦
			紫花苜蓿
	牧　区	东星农庄有限公司	饲用燕麦
			紫花苜蓿
	半牧区	都冷养殖有限公司	紫花苜蓿
	半牧区	鄂尔多斯市康泰伦农牧业股份有限公司	紫花苜蓿
	半牧区	鄂尔多斯市森惠农业科技服务有限公司	紫花苜蓿
	牧　区	鄂尔多斯市盛世金农农业开发有限责任 公司	紫花苜蓿
	牧　区	鄂托克旗赛乌素绿洲草业有限公司	紫花苜蓿
		丰镇市西农草业 i	紫花苜蓿
		富源草颗粒饲料公司	墨西哥类玉米
		固阳县大地农丰农民专业合作社	青莜麦
		固阳县广义德农民专业合作社	青莜麦
		固阳县广义德农牧业专业合作社	青贮玉米
		固阳县和谐人家农民专业合作社	青莜麦
	牧　区	华和农牧业有限公司	紫花苜蓿

加工企业生产情况（续）

单位：家、吨

干草生产量						青贮 生产量
合计	草捆	草块	草颗粒	草粉	其他	
500	500					
1000	1000					
3300	3300					
850	850					
500	500					
1700	1700					
2000	2000					
1500	1500					
1000	1000					
1300	1300					
1200	1200					
300	300					
6500	6500					
7200	7200					
3036	3036					
8493	8493					
						400
5120	5120					
312	312					
15600	15600					
2000	1000		1000			
1600	1000	0.1	600	0.1	0.1	0.1
6000	6000					
2000	2000					
1800	1800					
						1360
2000	2000					
28000	15000	13000				

7-5 各地区草产品

地 区	牧区半牧区类别	企业名称	饲草种类
	牧 区	华茂生	饲用燕麦
	牧 区		紫花苜蓿
	牧 区	惠农草业股份有限公司	饲用燕麦
	牧 区		紫花苜蓿
		加力有限公司	饲用燕麦
	半牧区	克什克腾旗祥达草业有限公司	饲用燕麦
	牧 区	利鑫草业有限公司	饲用燕麦
			紫花苜蓿
		凉城县碧兴元草业有限公司	紫花苜蓿
		凉城县岱海草业公司	紫花苜蓿
		凉城县海高牧业有限公司	紫花苜蓿
	半牧区	林辉草业	饲用燕麦
			紫花苜蓿
	牧 区	绿生源生态科技有限公司	饲用燕麦
	牧 区		紫花苜蓿
	半牧区	民乐君丰农牧科技发展有限公司	饲用燕麦
	牧 区	内蒙古安宏农牧业开发有限公司	紫花苜蓿
	牧 区	内蒙古草都草牧业股份有限公司	饲用燕麦
		内蒙古超大畜牧责任有限公司	紫花苜蓿
		内蒙古敕勒川乾程生态种养殖农民专业合作社	其他一年生饲草
		内蒙古创盛开发投资有限公司	青莜麦
		内蒙古德兰生态建设监理有限责任公司	紫花苜蓿
	半牧区	内蒙古东达生物科技有限公司	紫花苜蓿
		内蒙古谷雨天润草业发展有限公司	紫花苜蓿
	半牧区	内蒙古黄羊洼草业有限公司	紫花苜蓿
	牧 区	内蒙古绿丰农牧业有限责任公司	紫花苜蓿
	牧 区	内蒙古绿田园农业有限公司	饲用燕麦
	牧 区		紫花苜蓿

加工企业生产情况（续）

单位：家、吨

| 干草生产量 | | | | | | 青贮生产量 |
合计	草捆	草块	草颗粒	草粉	其他	
18000	18000					
24000	24000					
6586	6586					
14778	14778					
140	70	70				70
225	225					
6235	6235					
1800	1800					
1800	1800					
2800	2800					
3600	3600					
2000	2000					
4000	4000					4792
3966	3966					
5355	5355					
1500	1500					
3000	3000					
7550	7550					
350	350					
5000	5000					
3000	3000					
50	50					
1600	1600					
2800	2800					
6000	5000		1000			
5200	5200					
900	900					
3400	3400					

7-5 各地区草产品

地　区	牧区半牧区类别	企业名称	饲草种类
	半牧区	内蒙古茂盛泉农牧业开发有限责任公司	紫花苜蓿
		内蒙古蒙牧源农牧业专业合作社	青莜麦
	牧　区	内蒙古蘑菇滩农牧业科技有限公司	其他多年生饲草
	半牧区	内蒙古普纳沙旅游有限公司	饲用燕麦
			紫花苜蓿
		内蒙古青青草元生态科技发展有限公司	紫花苜蓿
	半牧区	内蒙古正时草业有限公司	饲用燕麦
			紫花苜蓿
		内蒙古中澜农牧业有限公司	紫花苜蓿
	牧　区	秋实草业有限公司	饲用燕麦
			紫花苜蓿
	牧　区	腾飞生态草业种植有限公司	饲用燕麦
			紫花苜蓿
	牧　区	天歌草业有限公司	饲用燕麦
			紫花苜蓿
		天义饲料加工厂	其他一年生饲草
	牧　区	田园牧歌草业有限公司	饲用燕麦
			紫花苜蓿
	牧　区	通史嘎查饲草颗粒加工厂	其他多年生饲草
		土默特右旗犇犇牧业有限责任公司	其他一年生饲草
		土默特右旗光源农民专业合作社	其他一年生饲草
		土默特右旗将军尧月霞养殖专业合作社	其他一年生饲草
		土默特右旗金土地农民专业合作社	其他一年生饲草
		土默特右旗九峰农民专业合作社	其他一年生饲草
		土默特右旗美岱召镇沙圪堆村股份经济合作社	其他一年生饲草
		土默特右旗明乐农牧科技专业合作社	其他一年生饲草
		土默特右旗秋林农民专业合作社	其他一年生饲草
		土默特右旗天惠农民专业合作社	其他一年生饲草

加工企业生产情况（续）

单位：家、吨

干草生产量						青贮生产量
合计	草捆	草块	草颗粒	草粉	其他	
5600	5600					
2100	2100					
12000	8000		1000	3000		
80	80					
480	480					
4700	4700	0.1	0.1	0.1	0.1	0.1
3498	3498					
2000	2000					
1900	1900					
1126	1126					
18740	18740					
1650	1650					
1816	1816					
1900	1900					
3000	3000					
750	750					
5821	5821					
60755	60755					
300			300			
1000	1000					
1000	1000					
1500	1500					
1000	1000					
3500	3500					
1000	1000					
4000	4000					
2000	2000					
500	500					

7-5 各地区草产品

地 区	牧区半牧区类别	企业名称	饲草种类
		土默特右旗熙尧农民专业合作社	其他一年生饲草
		土默特右旗心畅农民专业合作社	其他一年生饲草
		土默特右旗振飞农民专业合作社	其他一年生饲草
		土右旗光峰农民专业合作社	其他一年生饲草
	牧 区	乌审旗索永布生态开发有限公司	其他多年生饲草
	牧 区	乌中旗德岭山镇联华农友农牧专业合作社	其他一年生饲草
	牧 区	乌中旗德岭山镇兴牧专业合作社	其他一年生饲草
		鑫鑫旺种植专业合作社	饲用燕麦
	牧 区	阳波畜牧业发展服务有限公司	紫花苜蓿
	牧 区	伊禾绿锦农业发展有限公司	紫花苜蓿
	牧 区	伊禾绿锦农业发展有限公司南区	饲用燕麦
			紫花苜蓿
	牧 区	伊禾绿锦农业有限公司	饲用燕麦
	牧 区	长青农牧科技公司	紫花苜蓿
	半牧区	中国农业科学院草原研究所	紫花苜蓿
辽宁（2家）	半牧区	阜康养羊合作社	青贮玉米
	半牧区	辽宁省阜新市阜蒙县建设镇德一村祥阔秸秆饲料加工厂	青贮玉米
吉林（19家）	半牧区	大山乡爱城	青贮青饲高粱
	半牧区	东泰牧业	大麦
	半牧区	红海草业	羊草
	半牧区	吉林东西辽河生态农牧业有限公司	紫花苜蓿
	半牧区	吉林华雨草业有限公司	羊草
		吉林省剑鹏马城牧业有限公司	羊草
		吉林省义和养殖专业合作社	羊草

加工企业生产情况（续）

单位：家、吨

干草生产量						青贮生产量
合计	草捆	草块	草颗粒	草粉	其他	
1200	1200					
300	300					
500	500					
8000	8000					
1000			1000			
20000		20000				
200000			200000			
320	70	70	180			57
6667	1706	4961				
26209	26209					
720	720					
10970	10970					
6230	6230					
2655	2655					
120	120					
13700		**13700**				
3700		3700				
10000		10000				
102975	**102574**	**400**	**1**			**12467**
5000	5000					
6467	6467					6467
10000	10000					
14227	14227					
8000	8000					
300	300					
1050	1050					

7-5 各地区草产品

地 区	牧区半牧区类别	企业名称	饲草种类
黑龙江（36家）	半牧区	京润草业	紫花苜蓿
		农安县立柱专业合作社	羊草
		农安县天利牧草种植专业合作社	羊草
		农安县兴恩饲草种植专业合作社	紫花苜蓿
		三盛玉镇鑫森家庭农场	紫花苜蓿
	半牧区	双辽市衷有农牧业发展有限公司	紫花苜蓿
	半牧区	洮南市绿莹草业有限公司	紫花苜蓿
	半牧区	通榆县万达草业有限责任公司	紫花苜蓿
	半牧区	王树芳	羊草
	半牧区	吴洪山	羊草
	半牧区	长岭县太平川镇融丰饲料加工厂	其他一年生饲草
	半牧区	镇赉县鑫宇养殖专业合作社	羊草
		北大荒牧草种植合作社	紫花苜蓿
		晟睿牧业	紫花苜蓿
		大庆市博远草业有限公司	紫花苜蓿
	牧 区	杜尔伯特蒙古族自治县绿森青贮草业有限公司	青贮玉米
	牧 区	杜尔伯特蒙古族自治县润华玉米合作社	青贮玉米
	牧 区	杜尔伯特蒙古族自治县树友青贮种植专业合作社	青贮玉米
	牧 区	杜尔伯特蒙古族自治县欣盛源青贮种植专业合作社	青贮玉米
	牧 区	杜尔伯特蒙古族自治县鑫龙源玉米种植专业合作社	青贮玉米
	牧 区	杜尔伯特蒙古族自治县远方苜蓿发展有限公司	紫花苜蓿
		哈尔滨晟睿饲料牧草种植合作社	青贮玉米
		哈尔滨丰铭青贮玉米种植专业合作社	青贮玉米
		哈尔滨市熙雯玉米种植专业合作社	青贮玉米

加工企业生产情况（续）

单位：家、吨

干草生产量						青贮生产量
合计	草捆	草块	草颗粒	草粉	其他	
2400	2400					
550	550					
750	750					
400	400					
290	290					
300	300					
20001	20000	0.1	1			0.1
40	40					
20000	20000					
10000	10000					
2000	2000					6000
1200	800	400				
210795	**97154**	**3000**	**59000**		**51641**	**198821**
4494	4494					
2100	2100					
1000	1000					
429					429	1256
2461					2461	7429
481					481	1436
910					910	2719
3210					3210	9872
220	220					
15440					15440	51465
833					833	2775
3304					3304	11013

7-5 各地区草产品

地　区	牧区半牧区类别	企业名称	饲草种类
	半牧区	黑龙江广海饲草种植专业合作社	羊草
		黑龙江华菲农牧业发展有限公司	紫花苜蓿
		黑龙江省铧镒农机专业合作社联社	青贮玉米
	半牧区	黑龙江省柳氏草业有限公司	羊草
	半牧区	黑龙江省西泽草业经销处	羊草
		黑龙江省子兴秸秆加工有限公司	青贮玉米
	半牧区	吉星饲草有限公司	其他多年生饲草
		克山县瑞信诚牧业有限公司	青贮玉米
	半牧区	林甸县巨润饲料有限责任公司	羊草
	半牧区	马岗牧草种植专业合作社	紫花苜蓿
	半牧区	明水县洪泽饲草经销有限公司	羊草
		齐齐哈尔市卧兴牧草种植专业合作社	紫花苜蓿
	半牧区	青冈县丰育饲料青贮专业合作社	青贮玉米
	半牧区	青冈县惠鑫青贮饲料种植专业合作社	青贮玉米
	半牧区	青冈县连丰乡正旺青贮饲料专业合作社	青贮玉米
	半牧区	青冈县旭辉青贮饲料专业合作社	青贮玉米
	半牧区	青冈县祯祥镇立成玉米青贮专业合作社	青贮玉米
		双城区君宇奶牛养殖有限公司	青贮玉米
		双城区奇奥青贮玉米种植专业合作社	青贮玉米
		双城区文权玉米种植专业合作社	青贮玉米
		通河县名冠秸秆综合利用农民专业合作社	青贮玉米
	半牧区	肇东市海城双丽现代农机专业合作社	青贮玉米
	半牧区	肇东市鸿旺饲草种植有限公司	羊草
	半牧区	肇东宋站农畜产品经销公司	羊草
江苏（1家）			
		盐城市大丰区众鑫农业服务专业合作社	青贮玉米
安徽（8家）			

加工企业生产情况（续）

单位：家、吨

干草生产量						青贮生产量
合计	草捆	草块	草颗粒	草粉	其他	
2000	2000					
1040	1040					
5294					5294	17645
40000	40000					
3000		3000				
4000			4000			4000
2500	2500					
						25002
55000			55000			
8000	8000					
18500	18500					
800	800					
338					338	1125
800					800	2666
873					873	2910
274					274	913
1320					1320	4401
1083					1083	3609
9435					9435	31450
4160					4160	13865
480					480	1601
520					520	1669
1500	1500					
15000	15000					
						60000
						60000
3039	**3037**	**2**				**16073**

7-5 各地区草产品

地　区	牧区半牧区类别	企业名称	饲草种类
福建 （1家） 江西 （19家）		安徽乐道饲料有限公司	青贮玉米
		怀宁县松涛林业开发有限公司	多花黑麦草
		黄泥河畜禽养殖有限公司	青贮玉米
		黄山市徽州区裕农羊业有限公司	多年生黑麦草
		临泉县艾亭镇谢保实种植家庭农场	青贮玉米
		临泉县新新固化有限公司	青贮玉米
		庐江祥瑞养殖有限公司	青贮玉米
		秋实草业	紫花苜蓿
		罗运良牧草加工厂	其他一年生饲草
		安福县天锦肉牛食品有限公司	多花黑麦草
			狼尾草
		高安市裕丰农牧有限公司	狼尾草
		广昌县聚鑫肉牛养殖专业合作社	狼尾草
		广昌县兰氏肉牛养殖专业合作社	狼尾草
		广昌县双湖志远黄牛养殖专业合作社	狼尾草
		广昌县同福肉牛养殖专业合作社	狼尾草
		吉安县昱宝牧业公司	多花黑麦草
		江西巨苋生态农业科技有限公司	籽粒苋
		江西牧蕾农林开发有限公司	狼尾草
		江西省鄱阳湖草业公司	其他一年生饲草
		江西胜龙牛业	多花黑麦草
		江西亿合农业农业开发有限公司	狼尾草
		江西卓能农业开发有限公司	狼尾草
		宁都蒙山牧业公司	狼尾草
		鄱阳莲湖孙坊	其他多年生饲草
		上饶市赣星肉牛生态养殖有限公司	狼尾草

加工企业生产情况（续）

单位：家、吨

干草生产量						青贮生产量
合计	草捆	草块	草颗粒	草粉	其他	
						2205
1030	1030					
						2200
9	7	2				28
						341
						299
						11000
2000	2000					
500	**500**					
500	500					
26620	**23700**			**2000**	920	**64540**
						4000
						6000
						12000
						220
						750
						230
						380
						12120
920					920	
						5000
5200	3200			2000		
						5000
						3140
						2000
						2000
15000	15000					
						700

地　区	牧区半牧区类别	企业名称	饲草种类
山东 （82家）		兴盛牧业	狼尾草
		尹章滚牧草有限公司	其他多年生饲草
		永新县明辉农业有限公司	狼尾草
		滨州市博兴县龙瑞牧业有限公司	青贮玉米
		滨州市沾化区大高奶牛专业合作社	青贮玉米
			紫花苜蓿
		滨州市沾化区丰兴源农作物种植专业合作社	紫花苜蓿
		滨州市沾化区利民洼地绵羊专业合作社	青贮玉米
		博兴绿洲畜牧有限公司	青贮玉米
		博兴三一食品科技有限公司	青贮玉米
		博兴县陈户镇洪雷养殖场	青贮玉米
		博兴县陈户镇乃文养殖场	青贮玉米
		博兴县城东街道办事处盛利种植养殖场	青贮玉米
		博兴县广丰地畜牧有限公司	青贮玉米
		博兴县吕艺镇博安养殖场	青贮玉米
		博兴县明强牧业有限公司	青贮玉米
		博兴县生生养殖家庭农场	青贮玉米
		博兴县树新奶牛养殖专业合作社	青贮玉米
		博兴县伟禄鑫养殖专业合作社	青贮玉米
		博兴县祥鼎牧业有限公司	青贮玉米
		博兴县旭阳养殖场	青贮玉米
		博兴县延军养殖专业合作社	青贮玉米
		昌邑圣达农机专业合作社	青贮玉米
		陈强养殖场	青贮玉米
		德州农牧慧农牧专业合作社联合社	青贮玉米
		董晓旭养殖场	青贮玉米
		高密市佳禾秸秆专业合作社	青贮玉米

加工企业生产情况（续）

单位：家、吨

干草生产量						青贮生产量
合计	草捆	草块	草颗粒	草粉	其他	
						6000
5500	5500					
						5000
31699	**31699**					**586548**
						1425
						19000
3000	3000					
3000	3000					
						16000
						3843
						837
						1810
						445
						1840
						2036
						1210
						2061
						1035
						623
						350
						660
						2993
						1616
						15249
						900
						15000
						500
						30000

地　　区	牧区半牧区类别	企业名称	饲草种类
		高唐县惠众种养专业合作社	青贮玉米
		高唐县尹集镇秀岭家庭农场	青贮玉米
		高唐县英田农机专业合作社	青贮玉米
		海阳东村街道由常岩奶牛场	青贮玉米
		海阳利鲁肉牛场	青贮玉米
		海阳苗丰肉牛养殖专业合作社	青贮玉米
		海阳山里山羊场	青贮玉米
		海阳市富玉农业发展有限公司	青贮玉米
		海阳市盛景奶牛养殖专业合作社	青贮玉米
		海阳市旭茂养殖专业合作社	青贮玉米
		海阳夏泽畜禽养殖专业合作社	青贮玉米
		海阳壮硕家庭农场	青贮玉米
		济南市杰瑞牧业有限公司	青贮玉米
		济南市莱芜区翠红家庭农场	青贮玉米
		济南市莱芜区和庄镇上崔肉牛养殖场	青贮玉米
		济南市莱芜区金凤家庭农场	青贮玉米
		济南市莱芜区军华畜禽养殖场	青贮玉米
		济南市莱芜区绿野养殖专业合作社	青贮玉米
		济南市莱芜区牧田养殖专业合作社	青贮玉米
		济南市莱芜区卿熙家庭农场	青贮玉米
		济南市莱芜区润野家庭农场	青贮玉米
		济南市莱芜区文峰山肉牛养殖专业合作社	青贮玉米
		济南市莱芜区星火养殖家庭农场	青贮玉米
		济南市莱芜区涌泉畜牧养殖专业合作社	青贮玉米
		济南市莱芜区志伟畜禽养殖专业合作社	青贮玉米
		济南市莱芜胜法畜牧养殖场	青贮玉米
		济南市莱芜雪野旅游区箐盛畜禽养殖专业合作社	青贮玉米
		济南市莱芜赢泰农牧科技有限公司	青贮玉米

加工企业生产情况（续）

单位：家、吨

干草生产量						青贮生产量
合计	草捆	草块	草颗粒	草粉	其他	
						27000
						5200
						5200
						903
						4000
						390
						300
						2000
						16530
						15900
						4200
						4205
						5964
						3677
						7133
						1452
						413
						1511
						4750
						2703
						1175
						4303
						1196
						8044
						12230
						2245
						4206
						6579

7-5　各地区草产品

地　区	牧区半牧区类别	企业名称	饲草种类
		济南市台头肉牛养殖有限公司	青贮玉米
		济南市兴盛养殖有限公司	青贮玉米
		济南市赢正农业科技有限公司	青贮玉米
		济南燕山畜禽养殖专业合作社	青贮玉米
		胶州市林丰家庭农场	紫花苜蓿
		莱芜市莱城区恒丰牧业养殖专业合作社	青贮玉米
		莱阳市全德农机专业合作社	青贮玉米
		利津泽润饲料有限公司	青贮玉米
		临淄区凤凰镇齐涵家庭农场	青贮玉米
		山东爱军秸秆饲料有限公司	青贮玉米
		山东博威特牧业有限公司	青贮玉米
		山东开泰山羊资源研究中心	青贮玉米
		山东绿风农业集体公司	紫花苜蓿
		山东齐力新农业服务有限公司	青贮玉米
		山东儒风生态农业开发有限公司	紫花苜蓿
		山东瑞南饲料销售有限公司	青贮玉米
		山东赛尔生态经济技术开发有限公司	紫花苜蓿
		山东顺康生态农业有限公司	青贮玉米
		山东现代畜牧科技有限公司	青贮玉米
		孙远强养殖场	青贮玉米
		微山仲一农业有限公司	青贮玉米
		潍坊丰瑞农业科技有限公司	紫花苜蓿
		无棣棣旺种植专业合作社	紫花苜蓿
		无棣县中原草业科技开发有限公司	紫花苜蓿
		辛常波养殖场	青贮玉米
		阳谷县农业开发有限公司	紫花苜蓿
		杨文旭养殖场	青贮玉米
		沂南县金穗饲料有限公司	青贮玉米
		枣庄市胜元秸秆综合利用有限公司	青贮玉米

加工企业生产情况（续）

单位：家、吨

| 干草生产量 | | | | | | 青贮 |
合计	草捆	草块	草颗粒	草粉	其他	生产量
						5467
						5106
						5248
						6393
400	400					2400
						2440
						110000
						39500
						16243
						6700
						762
						343
2500	2500					
						8493
1600	1600					3200
						8000
11712	11712					
						525
						6252
						46
						960
4275	4275					17100
3212	3212					2880
2000	2000					
						400
						33128
						120
						5000
						6000

7-5　各地区草产品

地　区	牧区半牧区类别	企业名称	饲草种类
河南 （21家）		沾化若谷洼地绵羊专业合作社	青贮玉米
		邹平市绿蔬源农业科技有限公司	青贮玉米
		鼎鸿盛农业合作社	木本蛋白饲料
		河南今冠农牧有限公司	紫花苜蓿
		河南金农草业发展有限公司唐河分公司	青贮玉米
		河南农牧有限公司	其他多年生饲草
		河南省春天农牧科技有限公司	紫花苜蓿
		河南省金农草业有限公司桐柏分公司	青贮玉米
		河南振大生物科技有限公司	紫花苜蓿
		开封市雨顺农业发展有限公司	紫花苜蓿
		兰考田园牧歌草业有限公司	紫花苜蓿
		洛阳常新生态农业科技有限公司	紫花苜蓿
		洛阳禾佳农业科技有限公司	木本蛋白饲料
		洛阳农道农业科技有限公司	木本蛋白饲料
		南阳市卧龙区农开饲草公司	青贮玉米
		舞钢市绿风生物质原料回收有限公司	青贮玉米
		西平恒东农牧有限公司	青贮玉米
		信阳南林实业有限公司	木本蛋白饲料
		镇平县敏霞牧业有限公司	紫花苜蓿
		正阳县军耕家庭农场	紫花苜蓿
		郑州丰裕农业种植有限公司	紫花苜蓿
		郑州极致农业发展有限公司	紫花苜蓿
		郑州田园牧歌草业有限公司	紫花苜蓿
湖北 （15家）			紫花苜蓿
		房县汇盛农作物废弃物资源化利用专业合作社	青贮玉米

加工企业生产情况（续）

干草生产量						青贮生产量
合计	草捆	草块	草颗粒	草粉	其他	
						5000
						16000
39219	25696	12003		1500	20	188709
1000		1000				6000
930	930					
						900
1500				1500		
715	715					
						14000
20					20	
250	250					500
5000	5000					112500
6000		6000				
						968
700	700					520
						24000
15000	10000	5000				
						11384
3		3				11000
2000	2000					3210
800	800					
1600	1600					
1800	1800					
1551	1551					3027
350	350					700
98281	83890	14222	71	27	71	41849
						6000

7–5　各地区草产品

地　区	牧区半牧区类别	企业名称	饲草种类
		谷城县大自然农牧开发有限公司	多年生黑麦草
		湖北天耀秸秆综合利用专用合作社	青贮玉米
		湖北亿隆生物科技有限公司	青贮玉米
		黄冈市黄州区创丰农作物种植专业合作社	青贮玉米
		荆门科牧	青贮青饲高粱
		荆门市华中农业开发有限公司	老芒麦
		老河口市金农丰养殖专业合作社	青贮玉米
		利川市怀山牧业有限公司	青贮玉米
		万国祥牛场	青贮玉米
		武汉兴牧生物科技有限公司、湖北省农业科学院畜牧兽医研究所试验羊场	多年生黑麦草
		西藏邦达圣草生物科技有限公司团风分公司	狼尾草
		襄阳市沁和农牧有限公司	青贮玉米
		宜城市国庆农牧有限公司	青贮玉米
		郧西县茂园牧草种植专业合作社	狗尾草
湖南（6家）		湖南德人草业科技发展有限公司	紫花苜蓿
			青贮玉米
		建斌蔬菜种植合作社	青贮玉米
		耒阳兴隆生态农牧有限公司	青贮玉米
		娄底市草业科学研究所	其他一年生饲草
		双峰县鸿运农民专业合作社	木本蛋白饲料
		阳光乳业第一牧场	紫花苜蓿
广东（2家）		广东羽洁农业生态发展有限公司	狼尾草
		阳江市丰焱农业发展有限公司	青贮玉米

加工企业生产情况（续）

单位：家、吨

干草生产量						青贮生产量
合计	草捆	草块	草颗粒	草粉	其他	
323	300	2	10	1	10	500
14980	14980					
11010	11010					
1800	1800					
45003	35000	10000	1	1	1	3000
2500	2500					
						7500
						2000
770	500	200	10	10	50	1000
						650
4700	4700					
6500	4500	2000	0.1	0.1	0.1	7999
10500	8500	2000	0.1	0.1	0.1	13000
195	100	20	50	15	10	200
5851	**2200**	**230**	**3000**	**300**	**120**	**43880**
3000			3000			5000
						26000
1001	1000	0.3	0.1	0.2	0.1	10030
820	820					50
270	150				120	2000
300				300		
460	230	230				800
						31600
						28600
						3000

7-5 各地区草产品

地　区	牧区半牧区类别	企业名称	饲草种类
广西 （15家）			
		大新县那岭五一种养专业合作社	其他多年生饲草
			青贮玉米
		大新县上甲生态农业有限公司	其他多年生饲草
		大新县四季草料储仓加工厂	其他多年生饲草
			其他一年生饲草
			青贮玉米
		港兵牛场	其他多年生饲草
		广西汇创牧业有限公司	青贮玉米
		广西武宣金泰丰农业科技发展有限公司	其他多年生饲草
		黄富建收贮点	其他多年生饲草
		莫测栋牛场	其他多年生饲草
		谭政牛场	其他多年生饲草
		天等县宏秀牧业有限公司	青贮玉米
		田阳县四季丰畜牧业有限公司	狗尾草
			青贮玉米
		武宣县汇丰育牛专业合作社	其他多年生饲草
		武宣县兴丰牧草种植专业合作社	其他多年生饲草
		武宣县裕丰玉米种植专业合作社	其他多年生饲草
		忻城县逸程生态农牧有限公司	其他多年生饲草
海南 （1家）			
		东方市红兴玉翔养殖农民专业合作社	其他多年生饲草
重庆 （3家）			
		丰都县大地牧歌	狼尾草
		重庆山仁芸草农业科技开发有限公司	多花黑麦草
		重庆市小白水农业开发有限公司	狼尾草
四川 （29家）			

加工企业生产情况（续）

单位：家、吨

| 干草生产量 | | | | | | 青贮生产量 |
合计	草捆	草块	草颗粒	草粉	其他	
14783	**1033**	**1150**	**10600**	**1000**	**1000**	**79466**
						5
						106
						11898
						1134
150		150				
						423
						870
5000	1000	1000	1000	1000	1000	12000
						4100
						930
						780
						490
33	33					630
						23400
						15000
						1200
						2900
						3600
9600			9600			
24150					**24150**	
24150					24150	
						20330
						12049
						2108
						6173
12553	**11948**	**1**		**600**	**4**	**237168**

7-5 各地区草产品

地 区	牧区半牧区类别	企业名称	饲草种类
	牧 区	阿坝县现代畜牧产业发展有限责任公司	饲用燕麦
	半牧区	阿坝州乐美捷则农业开发有限责任公司	青贮玉米
		安县原野畜禽养殖有限公司	其他多年生饲草
		广安绿倍农草农业有限公司	狼尾草
		合江榕麓家庭农场	白三叶
		红牛牧场	其他多年生饲草
	半牧区	吉龙种养殖专业合作社	多年生黑麦草
			紫花苜蓿
		江安县憨石牧业有限公司	箭筈豌豆
			青贮玉米
		泸州市东牛牧场科技有限公司	其他多年生饲草
	牧 区	麦溪乡兴隆草业农民专业合作社	披碱草
		绵阳市九升农业科技有限公司	其他多年生饲草
			青贮青饲高粱
			青贮玉米
		绵阳市隆豪农业有限公司	青贮玉米
		绵阳泰平农贸科技有限公司	青贮玉米
		三台豪发家庭农场	青贮玉米
		三台县豪发家庭农场	其他多年生饲草
		三台县凯亿吉农业综合开发有限责任公司	青贮玉米
		三台县志宏秸秆资源利用加工厂	青贮玉米
		四川古蔺牛郎牧业投资发展有限公司	多年生黑麦草
	牧 区	四川红原和牧牧业有限责任公司	老芒麦
		四川环宇金牛科创生态农业科技有限公司	狼尾草
		四川绿茵牧州农业开发有限公司	其他多年生饲草
	牧 区	四川农垦牧原天堂农牧科技有限责任公司	披碱草
		万源市胜文食用菌专业合作社	青贮玉米

加工企业生产情况（续）

干草生产量						青贮生产量
合计	草捆	草块	草颗粒	草粉	其他	
618	618					
20	20					200
						4758
						300
						100
						400
200				200		
400				400		
1800	1800					1800
7500	7500					7500
105	100	1			4	5000
310	310					
						50000
						2000
						10000
						36000
						30000
						5000
						600
						13000
						6000
550	550					
600	600					10
						5800
						10000
450	450					3000
						500

7-5 各地区草产品

地 区	牧区半牧区 类别	企业名称	饲草种类
贵州 （17 家）		万源市万花魔芋专业合作社	青贮玉米
		宣汉县百草香种植专业合作社	其他多年生饲草
		盐亭顺康农牧有限公司	其他多年生饲草
			青贮玉米
		盐亭四友牧草种植专业合作社	其他多年生饲草
		盐亭县鸿源肉牛养殖公司	其他多年生饲草
			青贮玉米
		盐亭县三江源家庭农场	其他多年生饲草
			青贮玉米
		安顺市西秀区黑山种养殖专业合作社	青贮青饲高粱
		大方县肉牛产业有限公司	青贮玉米
		丹寨县者拉村肥肥菌草种植专业合作社	狼尾草
		关岭华云养殖有限公司	狼尾草
			青贮玉米
		关岭盛世草业公司	青贮玉米
		贵州奥博尔农业发展有限公司	青贮玉米
		贵州恒兴农业有限公司	狼尾草
		贵州汇丰生态养殖有限公司等共计 4 家 公司	青贮玉米
		贵州江口大地农业牧草发展有限公司	狼尾草
		贵州天龙秸秆综合利用有限公司	青贮玉米
		贵州欣大牧农业发展有限公司	狼尾草
			青贮玉米
		黄平县禾牧农业专业合作社	青贮玉米
		晴隆县草地公司	其他多年生饲草
		榕江县耐拱怒公司	狗尾草
		石阡县黄金山同兴农牧专业合作社	青贮玉米

加工企业生产情况（续）

单位：家、吨

干草生产量						青贮生产量
合计	草捆	草块	草颗粒	草粉	其他	
						1200
						7000
						8000
						11700
						3500
						3000
						4500
						2800
						3500
2072	**195**	**0**	**0**	**0**	**1876**	**211176**
700					700	
						150000
						160
						5680
						11087
						615
						210
1	0.1	0.1	0.1	0.1	0.1	150
						6615
						2500
700					700	12050
						9301
						5648
						4000
75	75					
120	120					510
						500

7-5　各地区草产品

地 区	牧区半牧区类别	企业名称	饲草种类
云南 （33家）		石阡县青阳乡高塘村集体经济发展农民专业合作社	青贮玉米
		印江佳禾农业有限公司	青贮青饲高粱
		德宏牧之源饲料科技有限公司	其他一年生饲草
		洱源县惠农奶牛养殖专业合作社	青贮玉米
		洱源县礼根养殖专业合作社	青贮玉米
		洱源县灵宇种植养殖专业合作社	青贮玉米
			紫花苜蓿
		洱源县绿源秸秆加工基地	青贮玉米
		恒源种养殖专业合作社	青贮玉米
		华坪县通达鑫陆养殖场	青贮玉米
		剑川聚源农业科技有限公司	青贮玉米
		科兴肉牛养殖专业合作社	青贮玉米
		李曾学养殖场	青贮玉米
		蒙自天果养殖场	其他多年生饲草
			青贮玉米
		宁洱瑞龙种养殖专业合作社	青贮玉米
		宁蒗泸沽湖松娜养殖专业合作社	青贮玉米
		宁蒗县海翼海生物开发公司	青贮玉米
		宁蒗县惠农果蔬有限公司	青贮玉米
		宁蒗县欣旺畜禽养殖合作社	青贮玉米
		施甸县鸿丰农业发展有限公司	其他一年生饲草
		施甸县由旺青贮饲料厂	青贮玉米
		双柏县太和江土家黄牛养殖专业合作社	狗尾草
		腾冲市鑫农科技开发有限公司	青贮玉米
		西盟三江并流　农业开发有限公司	青贮玉米
		西盟上寨养牛农民专业合作社	青贮玉米
		西盟迅驰牧业有限公司	青贮玉米

加工企业生产情况（续）

单位：家、吨

干草生产量						青贮生产量
合计	草捆	草块	草颗粒	草粉	其他	
						450
476					476	1700
21810	**20110**	**1200**		**500**		**88475**
7700	7700					7700
						15000
						2000
						3800
						1200
						3000
						1500
						1500
						3125
						6000
						250
						3000
900	900					3000
1500	1500					
						260
						600
						8600
						1000
7000	7000					
3000	3000					
10	10					
						4000
						12690
						850
						1295

7-5 各地区草产品

地 区	牧区半牧区类别	企业名称	饲草种类
西藏 （10家）		永宁乡陈朝文畜禽养殖专业合作社	青贮玉米
		永胜县滇宏牧业专业合作社	青贮玉米
		永胜县共富种养专业合作社	多年生黑麦草
		永胜县天生种养专业合作社	青贮玉米
		永胜县田园养殖有限公司	青贮玉米
		永胜县鑫达养牛场	青贮玉米
		永胜县沿横肉牛养殖专业合作社	青贮玉米
		永胜县永北镇李永能	青贮玉米
		云南八佳山草业有限公司	青贮玉米
		云南祥鸿鸿农牧业发展有限公司	青贮玉米
		达孜区金麦穗农业科技发展有限公司	饲用燕麦
		江孜县吉峰农机服务农民专业合作社	饲用燕麦
	半牧区	康马县涅如堆乡草业基地	小黑麦
	半牧区		饲用燕麦
	半牧区	康马县涅如麦乡白墩村涅雄农牧民专业合作社	小黑麦
	半牧区		饲用燕麦
	半牧区	类乌齐县吉多乡吉祥种植农牧民专业合作社	饲用燕麦
	牧 区	那曲市牧发公司	饲用青稞
		西藏阿香蒜业有限公司	饲用燕麦
	半牧区	西藏蕃腾农牧生态有限公司	箭筈豌豆
	半牧区		饲用燕麦
	牧 区	西藏嘎尔德生态畜牧发展有限公司	饲用燕麦
	牧 区	珠峰农投公司	饲用燕麦
陕西 （180家）		八戒农牧有限责任公司千阳分公司	青贮玉米

加工企业生产情况（续）

单位：家、吨

干草生产量						青贮生产量
合计	草捆	草块	草颗粒	草粉	其他	
						720
						250
1700		1200		500		
						280
						300
						1600
						1608
						350
						1596
						1400
11641	**11641**					
800	800					
484	484					
1680	1680					
420	420					
515	515					
105	105					
50	50					
1194	1194					
215	215					
500	500					
800	800					
2788	2788					
2090	2090					
38034	**33484**	**2000**	**1100**	**1450**		**672551**
						6500

7-5 各地区草产品

地 区	牧区半牧区 类别	企业名称	饲草种类
		宝鸡澳华现代牧业有限责任公司	青贮玉米
		宝鸡博望肉牛养殖有限公司	青贮玉米
		宝鸡得力康乳业有限公司岐山奶牛场	青贮玉米
		宝鸡凯农牧业有限责任公司	青贮玉米
		宝鸡美丽乡村生态农业专业合作社	紫花苜蓿
		宝鸡秦宝良种牛繁育责任有限公司	青贮玉米
		宝鸡众羊生态牧业有限公司	青贮玉米
		北村奶牛合作社	青贮玉米
		大荔苜蓿坤伯农业公司	紫花苜蓿
		大荔农垦朝邑公司	紫花苜蓿
		大荔县苜蓿种植合作社	紫花苜蓿
		富贵农牧有限公司	紫花苜蓿
		高台黄米山村种养殖专业合作社	青贮玉米
		恒阳养殖专业合作社	青贮玉米
		环定荣草业有限公司	紫花苜蓿
			青贮玉米
		泾阳晨辰奶牛养殖专业合作社	青贮玉米
		泾阳县金园牧业有限公司	青贮玉米
		泾阳县农兴奶牛养殖专业合作社	青贮玉米
		泾阳县秦辉奶牛养殖合作社	青贮玉米
		泾阳县兴辉奶牛养殖专业合作社	青贮玉米
		陇县高山肉畜养殖专业合作社	紫花苜蓿
		陇县金田地草业有限公司	青贮玉米
			紫花苜蓿
		陇县绿鑫饲草种植专业合作社	青贮玉米
			紫花苜蓿
		陇县绿镱小冠花种植专业合作社	小冠花
		陇县田园农牧专业合作社	紫花苜蓿
		陇县鑫裕肉牛专业合作社	青贮玉米

加工企业生产情况（续）

单位：家、吨

干草生产量						青贮生产量
合计	草捆	草块	草颗粒	草粉	其他	
						6661
						343
						7800
						15800
174	174					
						6500
						1250
						1819
1800	1800					
1220	1220					
1800	1800					
310	310					
						200
						230
5000	5000					
						10000
						6200
						9000
						4500
						7500
						6100
116	116					
						422
115	115					112
						433
232	232					
150	150					
156	156					
						438

7–5 各地区草产品

地　区	牧区半牧区类别	企业名称	饲草种类
		陇县智慧农业有限公司	紫花苜蓿
		洛川绿田源生态农牧有限责任公司	紫花苜蓿
		绿丰沙草业合作社	紫花苜蓿
		眉县晨辉奶牛饲草专业合作社	青贮玉米
		眉县横渠镇张勇肉牛养殖场	青贮玉米
		眉县蹇瑞牛场	青贮玉米
		眉县建友农牧有限公司	青贮玉米
		眉县金宇家庭农场	青贮玉米
		眉县康达养殖专业合作社	青贮玉米
		眉县瑞峰牧业专业合作社	青贮玉米
		眉县首善镇祥春牛场	青贮玉米
		眉县首善镇阳超养殖场	青贮玉米
		眉县汤峪镇黑峪养殖场	青贮玉米
		眉县晓锋奶牛饲草专业合作社	青贮玉米
		眉县鑫泰东紫牧业有限公司	青贮玉米
		眉县兴旺奶牛场	青贮玉米
		眉县忠科奶牛养殖专业合作社	青贮玉米
		奶山羊发展公司	青贮玉米
		宁陕县伊丰种养专业合作社	青贮玉米
		平利县金茂农林生态发展有限公司	青贮玉米
		平利县女娲生态养殖场	紫花苜蓿
		评上村股份经济合作社	青贮玉米
		岐山绿叶牧业有限公司	青贮玉米
		岐山县嘉泰隆奶牛场	青贮玉米
		岐山县龙辉奶牛养殖专业合作社	青贮玉米
		岐山县秦源牧业有限公司	青贮玉米
		千阳县草原天地牧业有限公司	青贮玉米
		千阳县丰源奶畜专业合作社	青贮玉米
		千阳县绿山奶业专业合作社	青贮玉米

加工企业生产情况（续）

单位：家、吨

干草生产量						青贮生产量
合计	草捆	草块	草颗粒	草粉	其他	
164	164					
680	680					
700	250			450		
						461
						120
						120
						18
						360
						257
						381
						198
						576
						320
						2872
						268
						2613
						1449
						950
						150
						180
85	45		40			
						320
						6500
						7499
						980
						1580
						950
						530
						400

7-5 各地区草产品

地　区	牧区半牧区类别	企业名称	饲草种类
		千阳县千顺祥奶畜专业合作社	青贮玉米
		千阳县向阳奶畜专业合作社	青贮玉米
		千阳县宇昌牧业有限责任公司	青贮玉米
		乾县嘉和奶牛养殖专业合作社	青贮玉米
		乾县农兴养殖专业合作社	青贮玉米
		乾县秦川牛场	青贮玉米
		乾县权氏奶牛养殖基地	青贮玉米
		乾县鑫润奶牛养殖农民专业合作社	青贮玉米
		乾县煜丰奶牛养殖农民专业合作社	青贮玉米
		乾县泽顺养殖专业合作社	青贮玉米
		乾县众益丰养殖专业合作社	青贮玉米
		瑞丰塬牧业有限公司	青贮玉米
		瑞银牧业有限公司	青贮玉米
		三合奶牛专业合作社	青贮玉米
		三贤畜牧养殖专业合作社	青贮玉米
		三要犇腾养牛专业合作社	青贮玉米
		陕西奥能生物科技有限公司	青贮玉米
		陕西澳美慧科技有限公司	青贮玉米
		陕西澳美慧科技有限公司二场	青贮玉米
		陕西晟杰实业有限公司	紫花苜蓿
		陕西高寒川牧业有限公司	青贮玉米
		陕西好禾来草业公司	紫花苜蓿
		陕西浩翔农业科技有限责任公司	青贮玉米
		陕西宏军现代牧业有限公司	青贮玉米
		陕西家家园生态农业有限公司	青贮玉米
		陕西建兴奶牛繁育有限公司	青贮玉米
		陕西泾阳祥泰牧业有限公司	青贮玉米
		陕西泾阳鑫园牧业有限公司	青贮玉米
		陕西康构草业有限公司	木本蛋白饲料

加工企业生产情况（续）

干草生产量						青贮生产量
合计	草捆	草块	草颗粒	草粉	其他	
						2100
						2500
						330
						6000
						2900
						1300
						1600
						7500
						1200
						1500
						2500
						450
						2900
						615
						2083
						500
						537
						13000
						20000
1000	1000					
						27643
5400	5400					3000
						600
						4229
						1600
						1500
						21000
						11000
						9840

7-5 各地区草产品

地　区	牧区半牧区类别	企业名称	饲草种类
		陕西农得利现代牧业发展有限公司	青贮玉米
		陕西省农垦集团朝邑农场有限责任公司	青贮玉米
		陕西省农垦集团华阴农场有限责任公司	青贮玉米
		陕西省农垦集团沙苑农场有限责任公司	青贮玉米
		陕西盛春生态牧业公司	紫花苜蓿
		陕西兄弟养殖有限责任公司	青贮玉米
		陕西益昌现代生态农牧有限公司	青贮玉米
		陕西众城智慧牧业科技公司	青贮玉米
			紫花苜蓿
		神木神牛农业科技有限公司	青贮玉米
		神木市东荣现代生态农牧有限公司	青贮玉米
		神木市富源养殖有限公司	青贮玉米
		神木市关崖窑种养殖合作社	青贮玉米
		神木市浩霖生态养殖有限公司	青贮玉米
		神木市恒景农牧业科技股份有限公司	青贮玉米
		神木市居阳生态农业发展有限公司	青贮玉米
		神木市蒙神牧业科技有限公司	青贮玉米
		神木市牛天堂乳业有限公司	青贮玉米
		神木市农丰农业发展有限公司	青贮玉米
		神木市秦北肉羊发展有限公司	青贮玉米
		神木市三怀养殖有限公司	青贮玉米
		神木市五禾生态农业有限公司	青贮玉米
		神木市长江神牛乳业有限公司	青贮玉米
		神木市长青健康农产业发展有限公司	青贮玉米
		神木市职教中心航宇乳业有限责任公司	青贮玉米
		随安畜牧养殖专业合作社	青贮玉米
		田园牧歌种养合作社	青贮玉米
		桐花庄农牧专业合作社	青贮玉米
		王二牛奶牛场	紫花苜蓿

加工企业生产情况（续）

单位：家、吨

干草生产量						青贮生产量
合计	草捆	草块	草颗粒	草粉	其他	
						7000
						75148
						4235
						21500
2500	2500					
						3401
						2594
						1200
500	500					
						1196
						1725
						1043
						3064
						2100
						3580
						1610
						5726
						1232
						1902
						1932
						2596
						1462
						1169
						5182
						1393
						1209
						183
						140
600	600					

7–5 各地区草产品

地　　区	牧区半牧区类别	企业名称	饲草种类
		渭滨区高家镇卒落养牛场	青贮玉米
		渭南盛丰牧业科技有限公司	紫花苜蓿
		西安博赫牧业有限公司	青贮玉米
		西安凯旋奶业有限责任公司	青贮玉米
		西安市临潼区百强奶牛养殖专业合作社	青贮玉米
		西安市临潼区北田办沣塬牧场	青贮玉米
		西安市临潼区北田街办西渭牧场	青贮玉米
		西安市临潼区代王缠峰奶牛家庭农场	青贮玉米
		西安市临潼区丰硕养殖专业合作社	青贮玉米
		西安市临潼区峰源奶山羊养殖专业合作社	青贮玉米
		西安市临潼区季虎奶羊专业合作社	青贮玉米
		西安市临潼区京京养殖有限公司	青贮玉米
		西安市临潼区任家奶牛养殖有限公司	青贮玉米
		西安市临潼区瑞源牧业有限公司	青贮玉米
		西安市临潼区泰盛牧业有限公司	青贮玉米
		西安市临潼区相桥牧康养殖有限公司	青贮玉米
		西安市临潼区相桥志成养殖有限公司	青贮玉米
		西安市临潼区徐杨真意牲畜饲养有限公司	青贮玉米
		西安市临潼区雁宇养羊专业合作社	青贮玉米
		西安市临潼区阳光牧业有限责任公司	青贮玉米
		西安市临潼区杨南湾绿鲜养羊专业合作社	青贮玉米
		西安市临潼区永平牧业有限责任公司	青贮玉米
		西安市临潼区志成养殖专业合作社	青贮玉米
		西安市阎良区海文畜牧养殖专业合作社	青贮玉米
		西安市阎良区盛世永纪奶牛养殖专业合作社	青贮玉米
		西安市阎良区子扬肉牛养殖专业合作社	青贮玉米
		西安昕洋牧业有限责任公司	青贮玉米
		西安兴盛源牧业有限公司	青贮玉米

加工企业生产情况（续）

单位：家、吨

干草生产量						青贮生产量
合计	草捆	草块	草颗粒	草粉	其他	
						3000
2512	2512					
						3800
						5500
						3200
						1200
						2800
						190
						230
						200
						2500
						1800
						2800
						1900
						3400
						380
						149
						1300
						650
						11800
						800
						5000
						200
						4158
						239
						1311
						10700
						6300

7-5 各地区草产品

地　　区	牧区半牧区 类别	企业名称	饲草种类
		西安阎良关山新马奶牛养殖专业合作社	青贮玉米
		西安一诺农牧草业有限公司	青贮玉米
		现代牧业（宝鸡）有限公司	青贮玉米
		鑫华农牧专业合作社	青贮玉米
		鑫胜兴畜牧养殖有限公司	青贮玉米
		鑫兴泰农贸有限公司	紫花苜蓿
		兴旺奶牛专业合作社	青贮玉米
		延安秀延种养殖生态专业合作社	青贮玉米
		阎良区北冯奶牛专业合作社	青贮玉米
		阎良区绿草地肉牛养殖有限公司	青贮玉米
		阎良区牧歌畜牧养殖专业合作社	青贮玉米
		阎良区宿家养殖有限公司	青贮玉米
		阎良区孙家村奶牛养殖专业合作社	青贮玉米
		阎良区兴隆养羊专业合作社	青贮玉米
		阎良区兴牧奶牛专业合作社	青贮玉米
		洋县胜泰秸秆机械化综合利用专业合作社	青贮玉米
		永兴奶牛养殖专业合作社	青贮玉米
		榆林绿能农牧业有限公司	紫花苜蓿
		榆阳区金豆子农民种植专业合作社	其他一年生饲草 紫花苜蓿
		榆阳区金鸡滩村股份经济合作社	紫花苜蓿
		榆阳区小壕兔特拉彩当村	紫花苜蓿
		袁龙生态开发有限公司	紫花苜蓿
		张周绪家庭农场	青贮玉米
		众天养牛专业合作社	青贮玉米
		子长市保成种牛养殖专业合作社	青贮玉米
		子长市鼎惠种养殖专业合作社	青贮玉米
		子长市富民种养殖专业合作社	青贮玉米
		子长市富祥养牛专业合作社	青贮玉米

加工企业生产情况（续）

单位：家、吨

干草生产量						青贮生产量
合计	草捆	草块	草颗粒	草粉	其他	
						2749
						2600
						107515
						210
						868
8000	4000	2000	1000	1000		
						2387
						3800
						646
						3702
						4610
						203
						602
						11598
						558
						4000
						572
1000	1000					
1350	1350					
810	810					
900	900					
400	400					
360	300		60			
						731
						1418
						950
						400
						3200
						320

7-5 各地区草产品

地　区	牧区半牧区类别	企业名称	饲草种类
甘肃 （314家）		子长市建明肉牛有限公司	青贮玉米
		子长市金硕种养殖主要合作社	青贮玉米
		子长市绿色家园种养殖合作社	青贮玉米
		子长市瑞鑫种养殖专业合作社	青贮玉米
		子长市润平种养殖农业合作社	青贮玉米
		子长市塑瑞种养殖专业合作社	青贮玉米
		子长市新寨河无公害大棚油桃专业合作社	青贮玉米
		子长市兴茂园养殖专业合作社	青贮玉米
		子长市兴民种养殖专业合作社	青贮玉米
		子长市长丰果树专业合作社	青贮玉米
		子长市众富农牧科技发展有限公司	青贮玉米
		安裕养殖专业合作社	青贮玉米
		白银市平川区春荣养殖农民专业合作社	青贮玉米
		白银市平川区小康养殖专业合作社	青贮玉米
		白银市平川区兴军旺养殖专业农民合作社	青贮玉米
		白银市平川区兴鑫养殖专业合作社	青贮玉米
		白银市平川区长征利康养殖专业合作社	青贮玉米
		白银市平川区志富民种植农民专业合作社	青贮玉米
		崇信县饲草产业农民专业合作社联合社	青贮玉米
		定西都胜畜禽农民专业合作社	青贮玉米
			饲用燕麦
			紫花苜蓿
		定西甲天下农业科技有限责任公司	紫花苜蓿
		定西巨盆草牧业有限公司	青贮玉米
			紫花苜蓿

加工企业生产情况（续）

干草生产量						青贮生产量
合计	草捆	草块	草颗粒	草粉	其他	
						600
						1000
						650
						2400
						135
						750
						4500
						180
						4200
						3500
						180
1435412	1008864	54346	184558	69253	118392	2276961
2600	1400			500	700	1200
						1101
						2000
						1439
						1116
						985
						6756
						51400
						1500
5000	5000					
12000	10000			2000		3500
5000	5000					
						298000
600	600					

7-5 各地区草产品

地 区	牧区半牧区类别	企业名称	饲草种类
		定西聚鑫牧草农民专业合作社	青贮玉米
			紫花苜蓿
		定西民盛牧草有限公司	青贮玉米
			紫花苜蓿
		敦煌市程宸农牧有限责任公司	紫花苜蓿
		敦煌市郭发养羊农民专业合作社	紫花苜蓿
		敦煌市盛合葡萄农民专业合作社	其他多年生饲草
	半牧区	丰泽园农民种植专业合作社	饲用燕麦
	牧 区	甘肃藏丰原农牧开发有限公司	小黑麦
			饲用燕麦
		甘肃冠华生态工程有限公司	紫花苜蓿
		甘肃禾吉草业有限公司	青贮玉米
			紫花苜蓿
		甘肃宏福现代农牧产业有限责任公司	青贮玉米
		甘肃华瑞农业股份有限公司	青贮玉米
			紫花苜蓿
		甘肃会丰草业科技技术有限公司	紫花苜蓿
		甘肃金海荣农牧业开发有限公司	紫花苜蓿
		甘肃金科脉草业有限责任公司武威分公司	其他一年生饲草
		甘肃康美现代农牧产业集团有限公司	青贮玉米
		甘肃康牧草业有限责任公司	紫花苜蓿
		甘肃科欧草业有限公司	紫花苜蓿
		甘肃临洮县洮珠饲料科技发展有限责任公司	青贮玉米
	半牧区	甘肃龙麒生物科技股份有限公司	饲用燕麦
			紫花苜蓿
		甘肃陇上草牧业有限公司	青贮玉米
		甘肃陇穗草业有限公司	青贮玉米
			紫花苜蓿

加工企业生产情况（续）

单位：家、吨

干草生产量						青贮生产量
合计	草捆	草块	草颗粒	草粉	其他	
						30000
6000	6000					2000
						100000
680	680					
1500			1500			
2000			2000			
1000			1000			
700	700					
120	18		102			
215	65		150			
5000	5000					
						1000
19000	18000			1000		3000
12143				5000	7143	
						27000
2800	2800					
900	500		200	200		
2700	2700					
						20000
15800			6000	3000	6800	
3000	2000		1000			
1180	60	120		1000		
						10133
470	470					
6500	6500					
						50000
						7100
3000	2000			1000		

地 区	牧区半牧区类别	企业名称	饲草种类
	半牧区	甘肃绿都农业开发有限公司	紫花苜蓿
	半牧区	甘肃民吉农牧科技有限公司	其他多年生饲草
		甘肃民乐三宝农业科技发展有限公司	饲用燕麦
		甘肃民祥牧草有限公司	青贮玉米
			饲用燕麦
			紫花苜蓿
		甘肃启瑞农业科技发展有限公司	紫花苜蓿
		甘肃睿盼养殖有限公司	青贮玉米
	半牧区	甘肃三宝农业科技发展有限公司	饲用燕麦
		甘肃三鼎乳业有限责任公司	青贮玉米
	半牧区	甘肃山水绿源饲草加工有限公司	饲用燕麦
		甘肃省绿沃农业科技发展有限公司	紫花苜蓿
		甘肃省万紫千红牧草产业有限公司	紫花苜蓿
	半牧区	甘肃首曲生态农业技术有限公司	紫花苜蓿
		甘肃水务节水科技发展有限责任公司	紫花苜蓿
	半牧区	甘肃天马正时生态农牧专业合作和	饲用燕麦
		甘肃天耀草业股份有限责任公司	紫花苜蓿
	半牧区	甘肃田艺农牧科技有限公司	紫花苜蓿
		甘肃田塬农牧业有限公司	青贮玉米
			饲用燕麦
			紫花苜蓿
		甘肃万物春绿色农牧科技开发有限公司	紫花苜蓿
	半牧区	甘肃沃农达生物科技有限公司	青贮玉米
		甘肃西黎农业有限公司	紫花苜蓿
		甘肃西凉牧草有限公司	紫花苜蓿
		甘肃现代草业有限公司	青贮玉米
			紫花苜蓿
		甘肃鑫河实业集团有限公司	青贮玉米

加工企业生产情况（续）

单位：家、吨

干草生产量						青贮生产量
合计	草捆	草块	草颗粒	草粉	其他	
2870	2870					
2080	2000			80		5500
12000	12000					
						383000
4000	4000					11000
4000	4000					
31000			31000			
						1821
19000	19000					
						5921
16000	16000					
6400	6400					
19000	4000		12000	3000		
2608	2608					
630	630					
850	850					
32000		8000	6000		18000	
2400	2400					
						100000
1000	1000					
14100	5000		5100	4000		3500
2500	2500					
4800	4800					
1040	1040					
						10000
						65000
3100	2100		1000			81900
						6575

7-5 各地区草产品

地 区	牧区半牧区 类别	企业名称	饲草种类
		甘肃亚盛实业（集团）股份有限公司饮 马分公司	紫花苜蓿
	半牧区	甘肃杨柳青牧草公司	紫花苜蓿
		甘肃杨柳青牧业饲料发展公司	紫花苜蓿
	半牧区	甘肃永康源草业有限公司	紫花苜蓿
	半牧区	甘肃永沃生态农业有限公司	箭筈豌豆
			小黑麦
			饲用燕麦
	半牧区	甘肃元生农牧科技有限公司	青贮玉米
		甘肃原米农牧农民专业合作社	紫花苜蓿
	半牧区	甘肃正道牧草有限公司	紫花苜蓿
		甘肃正环荣草业有限公司	紫花苜蓿
	半牧区	甘肃中牧山丹马场有限责任公司	饲用燕麦
		皋兰三合草业有限公司	紫花苜蓿
		皋兰原牧养殖专业合作社	紫花苜蓿
	半牧区	瓜州县金绿苑种养殖农民专业合作社	紫花苜蓿
	半牧区	瓜州县俊发农机农民专业合作社	紫花苜蓿
	半牧区	瓜州县牧旺草畜农民专业合作社	饲用燕麦
			紫花苜蓿
	半牧区	瓜州县双泉养殖农民专业合作社	紫花苜蓿
	半牧区	瓜州县顺民养殖种植农民专业合作社	紫花苜蓿
	半牧区	瓜州县西域牧歌	其他一年生饲草
			饲用燕麦
			紫花苜蓿
	半牧区	瓜州县兴牧草畜产业有限公司	饲用燕麦
			紫花苜蓿
	半牧区	瓜州县阳旭养殖农民专业合作社	紫花苜蓿
	半牧区	瓜州县益农农业发展有限责任公司	饲用燕麦
			紫花苜蓿

加工企业生产情况（续）

单位：家、吨

干草生产量						青贮生产量
合计	草捆	草块	草颗粒	草粉	其他	
35123	35123					
20000	20000					
3600	3600					
2803	2803					
300	300					
300	300					
2700	2700					
432	432					
1600	1600					
2557	2557					
80000	50000	30000				30000
105000	105000					
1200	1200					
473	473					
729	729					
2512	2512					
395	395					
4215	4215					
1200	1200					
600	600					
3500			3500			
2000	2000					
18000	15000		3000			
1200	1200					
3300	3300					
1200	1200					
200	200					
1800	1800					

7-5 各地区草产品

地　区	牧区半牧区类别	企业名称	饲草种类
	半牧区	瓜州县种草养畜农民专业合作社	紫花苜蓿
	半牧区	瓜州县众合富民养牛农民专业合作社	紫花苜蓿
		广河县昌盛源牛羊养殖农民专业合作社	青贮玉米
		广河县顶峰牛羊养殖农民专业合作社	青贮玉米
		广河县广盛产业发展有限责任公司	青贮玉米
		广河县海星牛羊养殖农民专业合作社	青贮玉米
		广河县鸿玖商贸有限公司	青贮玉米
		广河县华丰源牛羊养殖农民专业合作社	青贮玉米
		广河县进华牛羊养殖农民专业合作社	青贮玉米
		广河县品优生态养殖农民专业合作社	青贮玉米
		广河县泉海牛羊饲养农民专业合作社	青贮玉米
		广河县瑞昊饲草种植农民专业合作社	青贮玉米
		广河县瑞腾牛羊饲养农民专业合作社	青贮玉米
		广河县瑞通饲草种植农民专业合作社	青贮玉米
		广河县腾盛养殖农民专业合作社	青贮玉米
		广河县腾顺牛羊养殖农民专业合作社	青贮玉米
		广河县万东牧业工贸有限公司	青贮玉米
		广河县晓鹏牛羊养殖农民专业合作社	青贮玉米
		广河县欣瑞牛羊养殖农民专业合作社	青贮玉米
		广河县信达庄苑牛羊养殖农民专业合作社	青贮玉米
		广河县伊泽苑牛羊养殖农民专业合作社	青贮玉米
		广河县亿丰养殖农民专业合作社	青贮玉米
		广河县榆杨养殖农民专业合作社	青贮玉米
		广河县玉泰牛羊养殖农民专业合作社	青贮玉米
		广河县正宝牛羊养殖农民专业合作社	青贮玉米
		合水县盛唐牧草农机农民专业合作社	青贮玉米
	牧　区	合作市岗吉草产品加工农民专业合作社	饲用燕麦
	牧　区	合作市恒达农产业农民专业合作社	饲用燕麦

加工企业生产情况（续）

单位：家、吨

干草生产量						青贮生产量
合计	草捆	草块	草颗粒	草粉	其他	
350	350					
500	500					
						300
						400
						146000
						800
						4300
						6000
						850
						10400
						960
						4900
						4200
						8700
						2000
						440
						20500
						5200
						960
						6500
						18500
						7500
						2700
						8800
						580
1990	70	120		1800		
650	150		500			
1500	300		1200			

7-5　各地区草产品

地　区	牧区半牧区类别	企业名称	饲草种类
	牧　区	合作市绿丰源草畜科技有限责任公司	饲用燕麦
	牧　区	合作市绿源丰茂农产业农民专业合作社	饲用燕麦
		华岭公司	饲用燕麦
	半牧区	环县荟荣草业公司	青贮玉米
			饲用燕麦
			紫花苜蓿
		会宁县虎缘生态草业发展农民专业合作社	紫花苜蓿
		会宁县梅灵草粉加工专业合作社	紫花苜蓿
		会宁县农鑫牧草专业合作社	紫花苜蓿
		会宁县鑫丰草业专业合作社	紫花苜蓿
		会宁县中利草业农民专业合作社会	大麦
		积石山县宇鹏农作物秸秆回收再利用专业合作社	青贮玉米
	半牧区	嘉禾园农牧科技有限公司	紫花苜蓿
	半牧区	金昌丰清源种植农民专业合作社	紫花苜蓿
	半牧区	金昌富惠捷种植农民专业合作社	紫花苜蓿
	半牧区	金昌和顺农牧业发展有限公司	紫花苜蓿
	半牧区	金昌恒坤源土地流转农民专业合作社	紫花苜蓿
	半牧区	金昌金大地牧草种业公司	紫花苜蓿
	半牧区	金昌三杰牧草有限公司	紫花苜蓿
	半牧区	金昌市禾盛茂木业有限公司	紫花苜蓿
	半牧区	金昌市金方向草业有限责任公司	紫花苜蓿
		金昌市牧宝草业农民专业合作社	紫花苜蓿
	半牧区	金昌市新漠北养殖农牧专业合作社	紫花苜蓿
	半牧区	金昌拓农农牧发展有限公司	紫花苜蓿
	半牧区	金昌天赐农业科技有限责任公司	紫花苜蓿
		金昌溪缪种植农民专业合作社	紫花苜蓿
		金鼎源草业开发有限公司	紫花苜蓿
		金塔县鼎源草业农机农牧专业合作社	紫花苜蓿

加工企业生产情况（续）

单位：家、吨

干草生产量						青贮生产量
合计	草捆	草块	草颗粒	草粉	其他	
5000	5000					9000
350	150		200			
28000					28000	
1000					1000	54358
4032	4032					
8728	8728					1258
300	300					
1000	200			800		
700			400	300		
700	500		200			
2000	1000			1000		
						10000
2975	2975					
2048	2048					
2400	2400					
2460	2460					
2804	2804					
2684	2684					
5394	5394					
2583	2583					
1492	1492					
2800	2800					
5893	5893					
2829	2829					
2480	2480					
3000	3000					
2700	2700					
3840	3840					

7-5 各地区草产品

地　　区	牧区半牧区类别	企业名称	饲草种类
		金塔县侯德瑞草业开发有限公司	紫花苜蓿
		金塔县金牧草业专业合作社	紫花苜蓿
		金塔县庆和农业开发有限公司	紫花苜蓿
		金塔县荣丰农牧专业合作社	紫花苜蓿
		金塔县神谷农牧专业合作社	紫花苜蓿
		金益养殖专业合作社	青贮玉米
		景泰雪莲牧草种植专业合作社	紫花苜蓿
	半牧区	靖远东方龙元牧草种植专业合作社	紫花苜蓿
	半牧区	靖远丰茂牧草种植农民专业合作社	紫花苜蓿
	半牧区	靖远阜丰牧草种植专业合作社	紫花苜蓿
	半牧区	靖远万源牧草种植农民专业合作社	紫花苜蓿
	半牧区	靖远映军草产业农民专业合作社	紫花苜蓿
		酒泉大业草业有限公司	紫花苜蓿
		酒泉福坤饲草开发有限公司	青贮玉米
			紫花苜蓿
		酒泉圣源生态农业公司	紫花苜蓿
		酒泉兴科饲草专业合作社	紫花苜蓿
	半牧区	开源草业合作社	紫花苜蓿
		康乐县春林养殖农民专业合作社	青贮玉米
		康乐县福寿肉牛养殖农民专业合作社	青贮玉米
		康乐县瓜梁海龙养殖农民专业合作社	青贮玉米
		康乐县惠众粮改饲农民专业合作社	大麦
		康乐县金城农牧业有限公司	青贮玉米
		康乐县金龙养殖农民专业合作社	青贮玉米
		康乐县明智养殖农民专业合作社	青贮玉米
		康乐县蒲家肉牛养殖有限责任公司	青贮玉米
		康乐县信康肉牛育肥有限责任公司	青贮玉米
		康乐县裕鑫养殖农民专业合作社	青贮玉米
		康乔养殖专业合作社	青贮玉米

加工企业生产情况（续）

干草生产量						青贮生产量
合计	草捆	草块	草颗粒	草粉	其他	
2700	2700					
36000	23000		10000	3000		2438
2700	2700					
2700	2700					
2700	2700					
3822	2600			800	422	2400
1750	1750					
1145	1145					
855	855					
975	975					
775	775					
575	575					
17250	12000	0.1	5250	0.1	0.1	0.1
1	0.1	0.1	0.1	0.1	0.1	12000
4000	3000	0.1	1000	0.1	0.1	0.1
2700	2700					
5000	3000	0.1	2000	0.1	0.1	0.1
2250	2250					
803					803	
3000					3000	
2000					2000	
4000				4000		
10000				2000	8000	
5242				2100	3142	
1700					1700	
3611				850	2761	
17417				4200	13217	
7425				1000	6425	
2400	1544				856	1500

7-5 各地区草产品

地 区	牧区半牧区类别	企业名称	饲草种类
		临洮县登云农林牧科技发展专业合作社	青贮玉米
		临洮县丰太草业专业合作社	青贮玉米
		临洮县富源养殖农民专业合作社	青贮玉米
		临洮县合家兴旺种养殖农民专业合作社	青贮玉米
		临洮县恒泰养殖专业合作社	紫花苜蓿
		临洮县宏盛种养殖农民专业合作社	青贮玉米
		临洮县建军饲草种植农民专业合作社	青贮玉米
		临洮县乾圆种植农民专业合作社	青贮玉米
		临洮县仁源种养殖专业合作社	青贮玉米
		临洮县万丰种养殖农民专业合作社	青贮玉米
		临洮县新益民饲草种植专业合作社	青贮玉米
		临洮县兴昌种养殖农民专业合作社	青贮玉米
		临洮县易隆牧草有限公司	青贮玉米
		临洮县玉峰养殖农民专业合作社	青贮玉米
		临洮县壮壮牧草种植农民专业合作社	青贮玉米
		临洮县卓越种养殖农民专业合作社	青贮玉米
		临夏州厦临经济发展有限公司康乐分公司	青贮玉米
		临泽县恒泰农林牧有限公司	其他一年生饲草
		临泽县恒威农林牧有限公司	其他一年生饲草
		临泽县宏鑫饲草专业合作社	其他一年生饲草
		临泽县欣海饲草专业合作社	紫花苜蓿
		临泽县泽牧饲草专业合作社	青贮玉米
		陇南护地牧业有限公司	紫花苜蓿
		陇南市美达牧业有限公司	紫花苜蓿
		陇西县宏伟富民产业农民专业合作社	青贮玉米
		陇西县立新养殖有限责任公司	青贮玉米
		鹿鹿山牧业有限责任公司	青贮玉米
	牧 区	碌曲县瑞丰饲草料加工基地	饲用燕麦

加工企业生产情况（续）

单位：家、吨

干草生产量						青贮生产量
合计	草捆	草块	草颗粒	草粉	其他	
						2850
						3300
						3866
						1061
						4000
						3700
						4000
						1400
						2442
						3400
						7800
						2776
						1800
						1413
						5600
						7378
14130				6000	8130	
						9000
2500				2500		
						4000
10000	5000		5000			
						8000
220	220					
380	380					
						2000
						3000
						1
800	200		600			

7-5　各地区草产品

地　区	牧区半牧区类别	企业名称	饲草种类
		民乐县昌芳种植养殖专业合作社	紫花苜蓿
		民乐县金叶种植专业合作社	紫花苜蓿
		民乐县锦旺养殖专业合作社	紫花苜蓿
		民乐县茂益鑫种植专业合作社	紫花苜蓿
		民乐县神龙种植专业合作社	紫花苜蓿
		民乐县希诺农牧业有限公司	紫花苜蓿
		民乐县展翔农产品种植专业合作社	紫花苜蓿
	半牧区	岷县方正草业发展有限责任公司	猫尾草
	半牧区	牧丰农业	紫花苜蓿
		宁县中泰种养殖农民专业合作社	紫花苜蓿
		平川区响泉村荣发养殖场	青贮玉米
	半牧区	清河绿洲源万只肉羊繁育场	紫花苜蓿
		清水县陇塬种养农民专业合作社	青贮玉米
		清水县绿牧农民专业合作社	青贮玉米
			紫花苜蓿
		清水县民丰草业	青贮玉米
		庆阳宸庆草业有限公司	紫花苜蓿
		庆阳市西部情草业有限公司	紫花苜蓿
	半牧区	山丹县昌隆农机专业合作社	饲用燕麦
			紫花苜蓿
	半牧区	山丹县丰实农业科技发展有限公司	饲用燕麦
			紫花苜蓿
	半牧区	山丹县国坚家庭农场	饲用燕麦
	半牧区	山丹县华玮种植专业合作社	饲用燕麦
	半牧区	山丹县佳牧农牧机械化专业合作社	饲用燕麦
	半牧区	山丹县嘉牧禾草业有限公司	饲用燕麦
	半牧区	山丹县九盛农牧专业合作社	饲用燕麦
	半牧区	山丹县聚金源农牧有限公司	饲用燕麦

加工企业生产情况（续）

单位：家、吨

干草生产量						青贮生产量
合计	草捆	草块	草颗粒	草粉	其他	
3000	3000					
2400	2400					
800	800					
2400	2400					
4000	4000					
12400	2400		10000			
2400	2400					
13800	13800					
2752	2752					
8000	8000					2000
						1008
2000	2000					
						9000
						19000
600					600	200
						19500
4600	4600					5200
1150	650		500			
360	360					
1070	1070					
8000	8000					
3700	3700					
2800	2800					
3000	3000					
7600	7600					
13400	7600	5000		800		5000
14000	14000					
8000	8000					

7-5 各地区草产品

地 区	牧区半牧区类别	企业名称	饲草种类
	半牧区	山丹县绿盛金旺农牧业科技发展有限公司	饲用燕麦
	半牧区	山丹县美佳牧草家庭农场	饲用燕麦
	半牧区	山丹县祁连山牧草机械专业合作社	饲用燕麦
			紫花苜蓿
	半牧区	山丹县庆丰收家庭农场	饲用燕麦
			紫花苜蓿
	半牧区	山丹县瑞禾草业有限公司	饲用燕麦
	半牧区	山丹县瑞虎农牧专业合作社	饲用燕麦
	半牧区	山丹县润牧饲草发展有限责任公司	饲用燕麦
			紫花苜蓿
	半牧区	山丹县天马正时生态农牧专业合作社	饲用燕麦
	半牧区	山丹县天泽农牧科技发展有限责任公司	饲用燕麦
			紫花苜蓿
	半牧区	山丹县雨田农牧有限公司	饲用燕麦
	半牧区	山丹县云丰农牧专业合作社	饲用燕麦
	牧 区	肃南县尧熬尔畜牧农民专业合作社	紫花苜蓿
	牧 区	肃南县裕盛农机合作社	紫花苜蓿
	牧 区	肃南县振兴农机合作社	紫花苜蓿
	半牧区	天晟农牧科技发展有限公司	紫花苜蓿
	牧 区	天祥草产品合作社	紫花苜蓿
	牧 区	天祝晟达草业有限公司	小黑麦
			饲用燕麦
		渭源县必亮养殖专业合作社	青贮玉米
		渭源县国英特色畜牧业有限责任公司	青贮玉米
		渭源县会源种植养殖专业合作社	青贮玉米
		渭源县景峰生物科技有限公司	其他多年生饲草
		渭源县瑞丰农业科技有限公司	紫花苜蓿
		渭源县渭宝草业开发有限责任公司	紫花苜蓿

加工企业生产情况（续）

单位：家、吨

干草生产量						青贮生产量
合计	草捆	草块	草颗粒	草粉	其他	
1000	1000					
1000	1000					
7000	7000					
200	200					
1200	1200					
500	500					
900	900					
1700	1700					
8000	8000					
12000	6000		6000			
1000	1000					
4300	4300					
2500	2500					
14000	14000					
1400	1400					
1000		1000				
23000	15000		8000			3500
1000	1000					
2705	2705					
20000			15000	5000		
615	55		560			
209	63		146			
						2500
						3500
						2500
						5000
3420	3420					
2050	2050					

7-5 各地区草产品

地　　区	牧区半牧区 类别	企业名称	饲草种类
		渭源县五竹镇田园牧歌养殖专业合作社	青贮玉米
		渭源县杨平养殖专业合作社	青贮玉米
		武都铭益养殖公司	紫花苜蓿
		武都圣奥伦公司	紫花苜蓿
		武山乐牧饲草有限公司	青贮玉米
		武山森晟源农牧有限公司	其他一年生饲草
			青贮玉米
		武山县宝石养殖农民专业合作社	青贮玉米
		武山县程成饲草有限公司	其他一年生饲草
			青贮玉米
		武山县旦旦种养殖专业合作社	青贮玉米
		武山县亨泰肉牛养殖专业合作社	青贮玉米
		武山县兰龙种养殖专业合作社	青贮玉米
		武山县牧农草料加工有限公司	其他一年生饲草
			青贮玉米
		武山县天润养殖专业合作社	其他一年生饲草
			青贮玉米
		武山县田金忠种养殖专业合作社	青贮玉米
		武山县通济牧业有限责任公司	青贮玉米
		武山县旺畜饲草有限公司	青贮玉米
		武山县亿旺养殖专业合作社	其他一年生饲草
			青贮玉米
		武山谢娃种养殖专业合作社	其他一年生饲草
		武威天牧草业发展有限公司	紫花苜蓿
		武威亚盛田园牧歌草业有限公司	紫花苜蓿
	半牧区	欣海公司	紫花苜蓿
	半牧区	星海养殖合作社	紫花苜蓿
	半牧区	永昌宝光农业科技发展有限公司	紫花苜蓿
	半牧区	永昌露源农牧科技有限公司	饲用燕麦

加工企业生产情况（续）

单位：家、吨

干草生产量						青贮生产量
合计	草捆	草块	草颗粒	草粉	其他	
						3000
						2800
160	160					
600	600					
7113	5700				1413	5700
1056				506	550	
1400	1400					800
3260	2800				460	2800
974					974	
5500	5000	500				5500
2111	2045				66	1225
2650	2500				150	2300
900	900					900
256				256		
1600	1600					2600
450				450		
850	550				300	300
1700	1300				400	1700
8620	7760				860	7000
1844	1800				44	1800
1185				710	475	
2200	2200					1900
1245	1245					
15800	800		15000			
3500	3500					
2926	2926					
3080	3080					
20000	20000					
980	980					

7-5 各地区草产品

地　　区	牧区半牧区类别	企业名称	饲草种类
			紫花苜蓿
	半牧区	永昌牧羊农牧业发展有限公司	紫花苜蓿
	半牧区	永昌润鸿草业公司	紫花苜蓿
	半牧区	永昌圣基中药材种植专业合作社	紫花苜蓿
	半牧区	永昌天一农资有限公司	紫花苜蓿
	半牧区	永昌县佰川草业科技有限公司	紫花苜蓿
	半牧区	永昌县德牧源农民专业合作社	紫花苜蓿
	半牧区	永昌县东寨镇兴农牧田农牧综合农民专业合作社	紫花苜蓿
	半牧区	永昌县孵玉种植农民专业合作社	紫花苜蓿
	半牧区	永昌县浩坤草业有限公司	紫花苜蓿
	半牧区	永昌县恒昌源种植农民专业合作社	紫花苜蓿
	半牧区	永昌县弘燕种植农民专业合作社	饲用燕麦
	半牧区	永昌县花海种植家庭农场	紫花苜蓿
	半牧区	永昌县金实农丰种植农民专业合作社	青贮玉米
	半牧区	永昌县康田农牧农民专业合作社	紫花苜蓿
	半牧区	永昌县坤垦润禾种植农民专业合作社	紫花苜蓿
	半牧区	永昌县禄丰草业有限公司	紫花苜蓿
	半牧区	永昌县绿海农产品种植农民专业合作社	紫花苜蓿
	半牧区	永昌县马家坪村幸福家庭农场	青贮玉米
	半牧区	永昌县农盛宇种植农民专业合作社	紫花苜蓿
	半牧区	永昌县亲勤种植农民专业合作社	紫花苜蓿
	半牧区	永昌县沁纯草业有限公司	紫花苜蓿
	半牧区	永昌县庆源丰高效节水农业开发有限责任公司	紫花苜蓿
	半牧区	永昌县润泽祥种植农民专业合作社	青贮玉米
	半牧区	永昌县天牧源草业有限公司	紫花苜蓿
	半牧区	永昌县天生种植家庭农场	紫花苜蓿
	半牧区	永昌县贤杰养殖专业合作社	紫花苜蓿

加工企业生产情况（续）

单位：家、吨

干草生产量						青贮生产量
合计	草捆	草块	草颗粒	草粉	其他	
7426	7426					
2478	2478					
3078	3078					
2720	2720					
1056	1056					
2560	2560					
1360	1360					
2848	2848					
900	900					
2559	2559					
1079	1079					
882	882					
2400	2400					
618	618					
8772	8772					
864	864					
2480	2480					
871	871					
840	840					
1275	1275					
800	800					
15000	15000					
2788	2788					
2286	2286					
3219	3219					
850	850					
850	850					

7-5　各地区草产品

地　区	牧区半牧区类别	企业名称	饲草种类
	半牧区	永昌县新城子镇金沃土种植综合农民专业合作社	饲用燕麦
	半牧区	永昌县永生源农民种植合作社	紫花苜蓿
	半牧区	永昌县裕隆草原牧业农民专业合作社	紫花苜蓿
	半牧区	永昌县珠海草业科技有限公司	紫花苜蓿
	半牧区	永昌县紫花新科农业开发有限公司	紫花苜蓿
		榆中吉江牧业科技有限公司	青贮玉米
		榆中鑫鹏牧草种植有限公司	其他一年生饲草
			饲用燕麦
			紫花苜蓿
		玉门市佰基农业科技有限公司	饲用燕麦
		玉门市大业草业科技发展有限公司	紫花苜蓿
		玉门市丰花草业有限公司	紫花苜蓿
		玉门市油田农牧公司	紫花苜蓿
		玉门市至诚三和饲草技术开发有限公司	紫花苜蓿
		泽县绿苑饲草专业合作社	紫花苜蓿
		张家川回族自治县牧谷草业开发有限公司	青贮玉米
		张掖大业草畜产业发展有限公司	紫花苜蓿
		张掖市甘州区郑东农机专业合作社	青贮玉米
		张掖市金宇农业科技发展有限责任公司	青贮玉米
		张掖市天源新能源科技公司	其他一年生饲草
		张掖市垚鑫种植农民专业合作社	青贮玉米
		张掖市壹点红农业科技发展有限责任公司	青贮玉米
	牧　区	张掖众成草业有限公司	紫花苜蓿
	半牧区	漳县天康草业有限责任公司	红豆草
			紫花苜蓿
		镇原县丰源欣草业专业合作社	紫花苜蓿

加工企业生产情况（续）

单位：家、吨

| 干草生产量 | | | | | | 青贮 |
合计	草捆	草块	草颗粒	草粉	其他	生产量
1205	1205					
2560	2560					
935	935					
3360	3360					
1170	1170					
						6000
300	300					
200	200					
2000	2000					
3600	3600					
13000	6000		7000			
6000	6000					
372	372					
30000	30000					
2800	2800					
650			650			9000
500	500					
30000	30000					10000
370	370					270000
21000			21000			
10000				10000		20000
9600		9600				29250
3200	3200					
205	200	5	0.1	0.1	0.1	200
500	500	0.1	0.1	0.1	0.1	500
3500	3500					

7-5　各地区草产品

地　　区	牧区半牧区类别	企业名称	饲草种类
青海 （284家）		镇原县华德紫花苜蓿草籽种植专业合作社	紫花苜蓿
		镇原县稼丰种植专业合作社	紫花苜蓿
		镇原县天润禾草业发展有限公司	紫花苜蓿
		中山养殖农民专业合作社	青贮玉米
			紫花苜蓿
		庄浪县绿亨草业有限责任公司	青贮玉米
		庄浪县瑞昶饲草加工有限责任公司	紫花苜蓿
		庄浪县杨河乡引兰苜蓿草料加工厂	紫花苜蓿
		晨悦种养殖专业合作社	饲用燕麦
		成福家庭牧场	饲用燕麦
		成林家庭牧场	饲用燕麦
		大才乡大才家庭农牧场	饲用燕麦
		大才乡前沟青原农牧场	饲用燕麦
		大才乡上后沟上惠农牧场	饲用燕麦
		大通连贵农畜产品营销专业合作社	饲用燕麦
		大通县乡情农业种植专业合作社	饲用燕麦
		樊种养殖专业合作社	饲用燕麦
		共和镇北村生福家庭农牧场	饲用燕麦
		共和镇尕庄启忠家庭农场	饲用燕麦
		广林种养殖专业合作社	饲用燕麦
		海东市乐都区大玉种植专业合作社	饲用燕麦
		海东市乐都区鼎鼎鼎农作物家庭农场	饲用燕麦
		海东市乐都区润田饲料厂	青贮玉米
		宏润种养殖专业合作社	饲用燕麦
		互助佳华生态牧草种植农民专业合作社	青贮玉米
			饲用燕麦
		互助文康家畜养殖农民专业合作社	青贮玉米

加工企业生产情况（续）

干草生产量						青贮生产量
合计	草捆	草块	草颗粒	草粉	其他	
3100	2700		400			
2000	2000					
8000	8000					50000
						3100
1600	800		400	400		
2800	2800					
4600	4600					
1600	1600					
261788	**214335**	**40153**	**7300**	**0.1**	**0.1**	**195272**
65	65					
585	585					
325	325					
260	260					
390	390					
533	533					
2300		2300				
2200		2200				960
325	325					
1170	1170					
1430	1430					
390	390					
2647		2647				
3908		3908				
6651		5151	1500			
349	349					
						1100
						2938
						4176

7-5　各地区草产品

地　区	牧区半牧区类别	企业名称	饲草种类
		互助先珍农畜产品营销农民专业合作社	饲用燕麦
			青贮玉米
			饲用燕麦
		化隆县香拉种植专业合作社	饲用燕麦
		湟源丰汇种植专业合作社	饲用燕麦
		湟源哈拉库图养殖专业合作社	饲用燕麦
		湟源海珍种植专业合作社	饲用燕麦
		湟源寿成种植专业合作社	饲用燕麦
		湟中爱义种养殖专业合作社	饲用燕麦
		湟中比多家庭牧场	饲用燕麦
		湟中碧情家庭农场	饲用燕麦
		湟中斌德种养殖专业合作社	饲用燕麦
		湟中斌顺种养殖专业合作社	青贮玉米
			饲用燕麦
		湟中才德种养殖专业合作社	饲用燕麦
		湟中仓鑫种养殖专业合作社	饲用燕麦
			紫花苜蓿
		湟中昶全种养殖专业合作社	饲用燕麦
		湟中成明牛羊养殖专业合作社	青贮玉米
			饲用燕麦
		湟中成伟家庭牧场	饲用燕麦
		湟中成玺家庭农场	饲用燕麦
		湟中储源种植专业合作社	饲用燕麦
		湟中春来种养殖专业合作社	饲用燕麦
		湟中春礼果种养殖专业合作社	饲用燕麦
		湟中得金家庭农场	饲用燕麦
		湟中得利家庭牧场	青贮玉米
			饲用燕麦
		湟中德尚种养殖专业合作社	饲用燕麦

加工企业生产情况（续）

单位：家、吨

干草生产量						青贮生产量
合计	草捆	草块	草颗粒	草粉	其他	
						3973
						1649
						2412
0.5	0.1	0.1	0.1	0.1	0.1	1800
1000	1000					1500
						3000
2000	2000					1600
4000	4000					
390	390					
585	585					
224	224					
195	195					
						600
455	455					
780	780					
585	585					
						100
510	510					
						600
904	904					
195	195					
260	260					
260	260					
293	293					
143	143					
390	390					
						1140
975	975					
260	260					

7-5 各地区草产品

地 区	牧区半牧区类别	企业名称	饲草种类
		湟中窦俊专业合作社	饲用燕麦
		湟中多仔种养殖专业合作社	青贮玉米
			饲用燕麦
		湟中发春家庭农场	饲用燕麦
		湟中发丹种养殖专业合作社	青贮玉米
			饲用燕麦
			紫花苜蓿
		湟中发贵种植专业	饲用燕麦
		湟中发兴家庭农牧场	饲用燕麦
		湟中芳玲种养殖专业合作社	饲用燕麦
		湟中飞跃种养殖专业合作社	饲用燕麦
		湟中丰邦种养殖专业合作社	饲用燕麦
		湟中丰财种植专业合作社	青贮玉米
			饲用燕麦
		湟中丰瑞种养殖专业合作社	饲用燕麦
		湟中丰泰种养殖专业合作社	青贮玉米
		湟中丰祥种植专业合作社	饲用燕麦
		湟中锋峰种养殖专业合作社	饲用燕麦
		湟中尕里克种养殖专业合作社	饲用燕麦
		湟中高兴种养殖专业合作社	饲用燕麦
		湟中归园种养殖专业合作社	饲用燕麦
		湟中贵发种养殖专业合作社	饲用燕麦
		湟中国斌种养殖专业合作社	饲用燕麦
		湟中国录种养殖专业合作社	饲用燕麦
		湟中国文种养殖专业	饲用燕麦
		湟中含顺种植专业合作社	饲用燕麦
		湟中好佳佳种植有限公司	饲用燕麦
		湟中浩发种养殖专业合作社	饲用燕麦
		湟中浩红种养殖专业合作社	饲用燕麦

加工企业生产情况（续）

单位：家、吨

干草生产量						青贮生产量
合计	草捆	草块	草颗粒	草粉	其他	
325	325					
						360
1105	1105					
211	211					
						450
1170	1170					
						200
325	325					
585	585					
509	509					
585	585					
520	520					
						900
455	455					
585	585					
						300
683	683					
898	898					
598	598					
325	325					
325	325					
260	260					
663	663					
715	715					
1006	1006					
130	130					
845	845					
729	729					
390	390					

7–5 各地区草产品

地　区	牧区半牧区 类别	企业名称	饲草种类
		湟中皓月种养殖专业合作社	饲用燕麦
		湟中合尔营种养殖专业合作社	饲用燕麦
		湟中恒隆种养殖专业合作社	饲用燕麦
		湟中恒然种养殖专业合作社	饲用燕麦
		湟中恒售种养殖专业合作社	饲用燕麦
			紫花苜蓿
		湟中红虹种植专业合作社	饲用燕麦
		湟中宏康生猪养殖专业合作社	青贮玉米
			饲用燕麦
		湟中宏图种养殖专业合作社	饲用燕麦
		湟中泓康圈种养殖专业合作社	饲用燕麦
		湟中洪成种养殖专业合作社	青贮玉米
			饲用燕麦
		湟中鸿冠种养殖专业合作社	饲用燕麦
		湟中华录农机服务	饲用燕麦
		湟中桦岭种养殖专业合作社	饲用燕麦
		湟中惠铭种养殖专业合作社	青贮玉米
			紫花苜蓿
		湟中惠銘种养殖专业合作社	饲用燕麦
		湟中惠源种植专业合作社	饲用燕麦
		湟中佳颖种养殖专业合作社	饲用燕麦
			紫花苜蓿
		湟中贾尔藏种植专业合作社	饲用燕麦
		湟中建阳种养殖专业合作社	饲用燕麦
		湟中娇娇家庭农场	饲用燕麦
		湟中金灿灿家庭农场	饲用燕麦
		湟中景家庄种养殖专业合作社	饲用燕麦
		湟中久好种养殖专业合作社	饲用燕麦
		湟中久鑫种养殖专业合作社	饲用燕麦

加工企业生产情况（续）

干草生产量						青贮 生产量
合计	草捆	草块	草颗粒	草粉	其他	
585	585					
520	520					
585	585					
390	390					
494	494					
						100
195	195					
						720
1158	1158					
577	577					
787	787					
						900
650	650					
325	325					
1170	1170					
260	260					
						600
						150
520	520					
520	520					
390	390					
						160
455	455					
325	325					
975	975					
715	715					
325	325					
1073	1073					
715	715					

7-5 各地区草产品

地 区	牧区半牧区类别	企业名称	饲草种类
		湟中聚福园种养殖专业合作社	饲用燕麦
		湟中君昱种养殖专业合作社	青贮玉米
			饲用燕麦
			紫花苜蓿
		湟中寇福家庭农场	饲用燕麦
		湟中郎目滩种植专业　合作社	饲用燕麦
		湟中磊盛种养殖专业合作社	饲用燕麦
			紫花苜蓿
		湟中李家台永祥家庭农牧场	饲用燕麦
		湟中李家庄种养殖专业合作社	饲用燕麦
		湟中利民专业合作社	饲用燕麦
		湟中林马蔬菜种植专业合作社	饲用燕麦
		湟中林睿种养殖专业合作社	饲用燕麦
		湟中岭沟种养殖专业合作社	饲用燕麦
		湟中刘君种养殖专业合作社	饲用燕麦
		湟中隆义种养殖专业合作社	饲用燕麦
		湟中路腿种养殖专业合作社	饲用燕麦
		湟中洛吉家庭牧场	饲用燕麦
		湟中满盛种养殖专业合作社	饲用燕麦
		湟中勉存德家庭农场	饲用燕麦
		湟中明强种养殖专业合作社	饲用燕麦
		湟中牧羊种养殖专业合作社	饲用燕麦
		湟中纳木海种养殖专业合作社	饲用燕麦
		湟中农学种养殖专业合作社	青贮玉米
			饲用燕麦
		湟中培硕种养殖专业合作社	饲用燕麦
		湟中鹏举种养殖专业合作社	饲用燕麦
		湟中品德牛羊养殖	饲用燕麦
		湟中平晟种养殖专业合作社	饲用燕麦

加工企业生产情况（续）

单位：家、吨

干草生产量						青贮生产量
合计	草捆	草块	草颗粒	草粉	其他	
624	624					
						1200
979	979					
						200
910	910					
1040	1040					
1105	1105					
						150
507	507					
260	260					
377	377					
453	453					
260	260					
390	390					
910	910					
520	520					
239	239					
520	520					
520	520					
585	585					
520	520					
390	390					
2925	2925					
						600
390	390					
692	692					
390	390					
455	455					
1105	1105					

7-5　各地区草产品

地　　区	牧区半牧区 类别	企业名称	饲草种类
		湟中平合种养殖专业合作社	饲用燕麦
		湟中强维种养殖专业	饲用燕麦
		湟中秋顺种养殖专业合作社	饲用燕麦
		湟中全盟种养殖专业合作社	饲用燕麦
		湟中瑞安种养殖专业合作社	饲用燕麦
		湟中瑞德种养殖专业合作社	饲用燕麦
		湟中润农马铃薯种植专业合作社	紫花苜蓿
		湟中森森家庭农场	饲用燕麦
		湟中杉柏种养殖专业合作社	饲用燕麦
		湟中韶峰种养殖专业合作社	饲用燕麦
		湟中生栋种养殖专业合作社	饲用燕麦
		湟中生娥种植专业合作社	饲用燕麦
		湟中生刚种养殖专业合作社	饲用燕麦
		湟中生伟种养殖专业合作社	饲用燕麦
		湟中胜鑫家庭农场	饲用燕麦
		湟中盛永种养殖专业合作社	饲用燕麦
		湟中盛梓种养殖专业合作社	饲用燕麦
		湟中守明家庭农场	饲用燕麦
		湟中顺邦种养殖专业合作社	饲用燕麦
		湟中太禾种植专业合作社	青贮玉米
			饲用燕麦
		湟中泰全农机服务专业合作社	饲用燕麦
		湟中天娇种植专业合作社	饲用燕麦
		湟中田家寨炳贤家庭农场	紫花苜蓿
		湟中田家寨登成家庭牧场	饲用燕麦
		湟中田世种养殖专业合作社	饲用燕麦
		湟中廷科种植会议合作社	饲用燕麦
		湟中同顺家庭牧场	饲用燕麦
		湟中土门关含满家庭牧场	饲用燕麦

加工企业生产情况（续）

单位：家、吨

干草生产量						青贮 生产量
合计	草捆	草块	草颗粒	草粉	其他	
423	423					
260	260					
540	540					
390	390					
260	260					
780	780					
						350
1073	1073					
195	195					
553	553					
520	520					
949	949					
650	650					
390	390					
548	548					
536	536					
325	325					
520	520					
520	520					
						720
442	442					
780	780					
260	260					
						100
604	604					
325	325					
325	325					
260	260					
494	494					

7-5 各地区草产品

地 区	牧区半牧区 类别	企业名称	饲草种类
		湟中万苗种养殖专业合作社	饲用燕麦
		湟中万鹏种养殖专业合作社	饲用燕麦
		湟中旺贵种养殖专业合作社	饲用燕麦
		湟中维得种养殖专业合作社	饲用燕麦
		湟中伟祖农机服务专业合作社	青贮玉米
			饲用燕麦
		湟中文宝种养殖专业合作社	饲用燕麦
		湟中文娇家庭农场	青贮玉米
			饲用燕麦
		湟中五合一种养殖	饲用燕麦
		湟中玺玉种植专业合作社	饲用燕麦
		湟中鲜明种养殖专业合作社	饲用燕麦
		湟中县半截沟海录家庭牧场	饲用燕麦
		湟中县承雄牛羊养殖专业合作社	饲用燕麦
		湟中县多巴镇惠丰家庭农牧场	饲用燕麦
		湟中县富虎种养殖专业合作社	青贮玉米
			饲用燕麦
		湟中县海子沟鼎丰家庭农场	饲用燕麦
		湟中县洪有农机服务	饲用燕麦
		湟中县花勒城启林家庭农场	饲用燕麦
		湟中县黄蒿台启兰家庭牧场	饲用燕麦
		湟中县农欣马铃薯营销专业合作社	青贮玉米
			饲用燕麦
			紫花苜蓿
		湟中县前沟有贵家庭牧场	饲用燕麦
		湟中县前沟占雄家庭农场	饲用燕麦
		湟中县群塔栋栋梅花鹿繁殖场	饲用燕麦
		湟中县润农马铃薯种植专业合作社	饲用燕麦
		湟中县上新庄镇上峡门成明家庭牧场	饲用燕麦

加工企业生产情况（续）

单位：家、吨

干草生产量						青贮生产量
合计	草捆	草块	草颗粒	草粉	其他	
325	325					
390	390					
325	325					
325	325					
						780
780	780					
520	520					
						360
455	455					
390	390					
780	780					
338	338					
390	390					
725	725					
559	559					
						1500
975	975					
325	325					
920	920					
195	195					
585	585					
						1620
739	739					
						200
325	325					
195	195					
137	137					
975	975					
520	520					

7-5 各地区草产品

地　　区	牧区半牧区类别	企业名称	饲草种类
		湟中县顺和种养殖专业合作社	饲用燕麦
		湟中县田家寨炳贤家庭农场	饲用燕麦
		湟中县田家寨尚鹏家庭农场	饲用燕麦
		湟中县田家寨生森家庭农场	饲用燕麦
		湟中县田家寨永鹏家庭牧场	饲用燕麦
		湟中县田家寨镇新村珊瑚家庭牧场	青贮玉米
			饲用燕麦
		湟中县王沟尔成雄家庭农场	饲用燕麦
		湟中县兄弟马铃薯种植专业合作社	青贮玉米
			饲用燕麦
		湟中谢家台种养殖专业合作社	饲用燕麦
		湟中新壹种养殖专业合作社	青贮玉米
			饲用燕麦
			紫花苜蓿
		湟中鑫超种养殖专业合作社	饲用燕麦
		湟中信亿仁种养殖专业合作社	青贮玉米
		湟中兴牧草业专业合作社	饲用燕麦
		湟中兴盛农副产品营销专业合作社	青贮玉米
			饲用燕麦
			紫花苜蓿
		湟中兄邦种植专业合作社	饲用燕麦
		湟中兄弟马铃薯种植	紫花苜蓿
		湟中秀娟种养殖专业合作社	饲用燕麦
		湟中秀英种养殖专业合作社	饲用燕麦
		湟中旭泰种养殖专业合作社	青贮玉米
			饲用燕麦
			紫花苜蓿
		湟中延彪种养殖专业合作社	饲用燕麦
			紫花苜蓿

加工企业生产情况（续）

单位：家、吨

干草生产量						青贮生产量
合计	草捆	草块	草颗粒	草粉	其他	
888	888					
650	650					
650	650					
520	520					
664	664					
						1800
722	722					
780	780					
						3900
1950	1950					
780	780					
						2220
813	813					
						200
358	358					
						3240
520	520					
						1650
1040	1040					
						450
455	455					
						600
325	325					
520	520					
						2250
780	780					
						160
926	926					
						100

地　区	牧区半牧区类别	企业名称	饲草种类
		湟中延丹养殖专业合作社	饲用燕麦
		湟中彦发种养殖专业合作社	饲用燕麦
		湟中宴润农牧开发有限公司	青贮玉米
			饲用燕麦
		湟中业隆生态养殖有限公司	青贮玉米
		湟中怡之欣种养殖专业合作社	青贮玉米
			饲用燕麦
			紫花苜蓿
		湟中银贺种养殖专业合作社	饲用燕麦
		湟中银虎种养殖专业合作社	饲用燕麦
		湟中银鑫家庭农场	饲用燕麦
		湟中银余种养殖专业合作社	饲用燕麦
		湟中永仓家庭牧场	饲用燕麦
		湟中永东家庭农场	饲用燕麦
		湟中永花家庭农场	饲用燕麦
		湟中玉春种养殖专业合作社	饲用燕麦
		湟中玉义种养殖专业合作社	饲用燕麦
		湟中裕章种养殖专业合作社	青贮玉米
			饲用燕麦
		湟中元贵种养殖专业合作社	饲用燕麦
		湟中元忠种养殖专业合作社	饲用燕麦
		湟中源泉种养殖专业合作社	饲用燕麦
		湟中跃展种养殖专业合作社	饲用燕麦
		湟中云谷川种养殖专业合作社	饲用燕麦
		湟中云魁种养殖专业合作社	饲用燕麦
		湟中择土种养殖专业合作社	饲用燕麦
		湟中增旗种养殖专业合作社	饲用燕麦
		湟中增英中药材种植专业合作社	饲用燕麦
		湟中占良种养殖专业合作社	饲用燕麦

加工企业生产情况（续）

干草生产量						青贮生产量
合计	草捆	草块	草颗粒	草粉	其他	
195	195					
390	390					
						1650
195	195					
						900
						1500
715	715					
						200
390	390					
585	585					
455	455					
520	520					
520	520					
520	520					
307	307					
520	520					
780	780					
						780
585	585					
423	423					
657	657					
260	260					
228	228					
130	130					
390	390					
455	455					
390	390					
200	200					
195	195					

7–5　各地区草产品

地　区	牧区半牧区类别	企业名称	饲草种类
		湟中长万种养殖专业合作社	饲用燕麦
		湟中正发农作物种植专业合作社	青贮玉米
			饲用燕麦
		湟中志宏种养殖专业合作社	饲用燕麦
			紫花苜蓿
		湟中志义家庭农场	饲用燕麦
		湟中治业家庭农场	饲用燕麦
		湟中中兴农机服务专业合作社	青贮玉米
			饲用燕麦
		湟中忠昌种养殖专业合作社	饲用燕麦
		湟中忠来种养殖专业合作社	饲用燕麦
		湟中忠山家庭农场	饲用燕麦
		湟中众联种植专业合作社	饲用燕麦
		湟中众裕种养殖专业合作社	饲用燕麦
		湟中茁壮种养殖专业合作社	饲用燕麦
		湟中卓迈种养殖专业合作社	饲用燕麦
		湟中作平家庭农场	紫花苜蓿
		凯瑞公司	饲用燕麦
		乐都区益生牧草种植专业合作社	饲用燕麦
		利鹏种养殖专业合作社	饲用燕麦
	半牧区	门源马场	披碱草
	半牧区	门源县富源青高原草业有限公司	饲用燕麦
	半牧区	门源县麻莲草业有限公司	饲用燕麦
		民和绿宝饲草科技有限公司	青贮玉米
		民和新力种植专业合作社	青贮玉米
		民强种养殖专业合作社	饲用燕麦
	牧　区	青海奔盛农牧科技有限责任公司德令哈分公司	紫花苜蓿
		青海博业农牧科技开发有限公司	饲用燕麦

加工企业生产情况（续）

干草生产量						青贮生产量
合计	草捆	草块	草颗粒	草粉	其他	
325	325					
						540
65	65					
1755	1755					
						200
260	260					
195	195					
						1350
585	585					
1170	1170					
975	975					
455	455					
715	715					
195	195					
1190	1190					
260	260					
						200
720	720					29720
4190		4190				
520	520					
2238	2238					
						17691
675	675					10917
						2216
						8800
390	390					
4800	4800					
600	600					6600

7-5 各地区草产品

地 区	牧区半牧区 类别	企业名称	饲草种类
		青海东牧湾科技开发有限公司	饲用燕麦
		青海陵湖畜牧开发有限公司	青贮玉米
		青海鲁青饲料科技有限公司	青贮玉米
		青海三江一力农业集团有限公司	饲用燕麦
	牧 区	青海省贵南草业开发有限公司	饲用燕麦
	牧 区	青海省贵南草业开发有限责任公司	披碱草
	牧 区	青海省牧草良种繁殖场草产品加工厂	披碱草
		青海省缘祥草业有限公司	青贮玉米
		青海世彪农牧开发有限公司	青贮玉米
			饲用燕麦
	牧 区	青海现代草业有限公司	披碱草
			饲用燕麦
		青海载丰种养殖专业合作社	饲用燕麦
		生存家庭农场	饲用燕麦
	牧 区	天峻智格阳龙畜牧生态科技发展公司	饲用燕麦
		天翔家庭农场	饲用燕麦
		田家寨生龙家庭牧场	饲用燕麦
		田家寨玉财家庭农场	饲用燕麦
		田家寨镇小卡阳毓昇家庭	饲用燕麦
		伟兴种养殖专业合作社	饲用燕麦
		西宁富农草业生物开发有限公司	青贮玉米
			饲用燕麦
		雅珍农场	饲用燕麦
	牧 区	英德尔种羊公司	紫花苜蓿
	牧 区	专业合作社及家庭牧场	饲用燕麦
宁夏 （141家）			
		大武口区平安种植家庭农场	紫花苜蓿
		固原市原州区禾丰农牧技术推广专业合作社	紫花苜蓿

加工企业生产情况（续）

干草生产量						青贮生产量
合计	草捆	草块	草颗粒	草粉	其他	
16967		16967				
						720
5000			5000			
1000	1000					27400
1095	1095					
12000	12000					
2400		2400				
						9000
						1650
780	780					
3000	3000					
10257	9457		800			
780	780					
130	130					
780	390	390				
585	585					
715	715					
325	325					
455	455					
780	780					
						10000
8000	8000					6500
195	195					
1200	1200					
41964	41964					
245565	**167101**	**51**	**68721**	**9691**	**1**	**166877**
360	360					500
500	500					150

7-5 各地区草产品

地　　区	牧区半牧区类别	企业名称	饲草种类
		固原市原州区红录种植农民专业合作社	紫花苜蓿
		固原市原州区金惠饲草产销专业合作社	紫花苜蓿
		固原市原州区军霞种植专业合作社	紫花苜蓿
		固原市原州区头营镇幸福家庭农场	紫花苜蓿
	半牧区	海原县白吉种植专业合作社	青贮青饲高粱
	半牧区	海原县曹洼白崖村村民委员会	青贮青饲高粱
	半牧区	海原县曹洼曹洼村村民委员会	青贮青饲高粱
	半牧区	海原县大疆种植养殖展业合作社	紫花苜蓿
	半牧区	海原县二龙种养殖专业合作社	紫花苜蓿
	半牧区	海原县丰润苑养殖专业合作社	饲用燕麦
	半牧区	海原县亘牛农牧专业合作社	苏丹草
	半牧区	海原县海城镇堡子村村民委员会	饲用燕麦
	半牧区	海原县海城镇段塬村村民委员会	青贮青饲高粱
	半牧区	海原县海吉种养殖专业合作社	饲用燕麦
	半牧区	海原县黑岭种植养殖专业合作社	紫花苜蓿
	半牧区	海原县红羊乡鹏达种养殖专业合作社	饲用燕麦
	半牧区	海原县黄坪农业社会化综合服务站	苏丹草
	半牧区	海原县贾塘黄坪农牧专业合作社	苏丹草
	半牧区	海原县进治家庭农牧场	饲用燕麦
	半牧区	海原县李俊乡红星行政村村民委员会	紫花苜蓿
	半牧区	海原县立城农牧专业合作社	紫花苜蓿
	半牧区	海原县鹿鸣农牧专业合作社	苏丹草
	半牧区	海原县南河农牧科技专业合作社	苏丹草
	半牧区	海原县农林牧专业合作社	苏丹草
	半牧区	海原县培福农牧业机械化服务有限公司	饲用燕麦
	半牧区	海原县七彩养殖专业合作社	青贮青饲高粱
			紫花苜蓿
	半牧区	海原县七营镇南堡村村委会	紫花苜蓿
	半牧区	海原县沁园种植养殖专业合作社	青贮青饲高粱

加工企业生产情况（续）

单位：家、吨

干草生产量						青贮生产量
合计	草捆	草块	草颗粒	草粉	其他	
800	800					480
900	900					450
1300	1300					
300	300					
2796	2796					
768	768					
1361	1361					
376	376					
237	237					
891	891					
2285	2285					
1114	1114					
1726	1726					
382	382					
307	307					
1016	1016					
2109	2109					
1792	1792					
404	404					
816	816					
284	284					
2398	2398					
1842	1842					
2522	2522					
282	282					
661	661					
244	244					
359	359					
538	538					

7-5 各地区草产品

地　　区	牧区半牧区类别	企业名称	饲草种类
	半牧区	海原县青禾农牧科技种植开发专业合作社	紫花苜蓿
	半牧区	海原县青牧养殖专业合作社	饲用燕麦
	半牧区	海原县群翔养殖专业合作社	紫花苜蓿
	半牧区	海原县瑞祥种养殖专业合作社	饲用燕麦
	半牧区	海原县少勇种养殖专业合作社	紫花苜蓿
	半牧区	海原县生荣农机服务专业合作社	草谷子
	半牧区	海原县四海种养殖家庭农场	饲用燕麦
	半牧区	海原县万丰种养殖专业合作社	紫花苜蓿
	半牧区	海原县旺畜牧草种植有限公司	饲用燕麦
	半牧区	海原县西安镇菜园村村民委员会	紫花苜蓿
	半牧区	海原县西安镇范台村村民委员会	青贮青饲高粱
	半牧区	海原县西安镇薛套村村民委员会	青贮青饲高粱
	半牧区	海原县兴农养殖专业合作社	苏丹草
	半牧区	海原县彦虎家庭农牧场	饲用燕麦
	半牧区	海原县杨帆农牧养殖专业合作社	青贮青饲高粱
	半牧区	海原县杨明东成种养殖专业合作社	饲用燕麦
	半牧区	海原县野种养殖专业合作社	饲用燕麦
	半牧区	海原县益民农牧科技专业合作社	苏丹草
	半牧区	海原县有盛源种植专业合作社	青贮青饲高粱
	半牧区	海原县智通养殖专业合作社	紫花苜蓿
	半牧区	海原县忠诚种养殖专业合作社	苏丹草
	半牧区	海原县仲玺养殖专业合作社	饲用燕麦
		贺兰县常信兴达家庭牧场	紫花苜蓿
		贺兰县红日农机服务专业有限公司	黑麦
		贺兰县暖泉新盛源草业有限责任公司	紫花苜蓿
	半牧区	灵武市同心农业综合开发有限公司	紫花苜蓿
			紫花苜蓿
		灵武市兴欣饲草有限公司	黑麦

加工企业生产情况（续）

单位：家、吨

干草生产量						青贮生产量
合计	草捆	草块	草颗粒	草粉	其他	
178	178					
162	162					
634	634					
531	531					
426	426					
814	814					
808	808					
115	115					
372	372					
97	97					
3038	3038					
1093	1093					
1843	1843					
269	269					
1318	1318					
103	103					
757	757					
1378	1378					
902	902					
39	39					
2391	2391					
630	630					
2200	2200					
220	220					
5100	5100					
2400	2400					9800
0					0	19011
20000			20000			

7-5 各地区草产品

地 区	牧区半牧区类别	企业名称	饲草种类
			紫花苜蓿
		隆德县德野草业科技有限公司	紫花苜蓿
		隆德县金杉种养殖专业合作社	紫花苜蓿
		隆德县牧丰草业专业合作社	紫花苜蓿
		隆德县腾发牧草专业合作社	青贮玉米
			紫花苜蓿
		隆德县正荣种养殖业专业合作社	紫花苜蓿
		宁夏昌达牧草业有限公司	紫花苜蓿
	半牧区	宁夏诚恳农业有限公司	紫花苜蓿
		宁夏大田新天地有限公司	青贮玉米
		宁夏丰德农林牧开发有限公司	紫花苜蓿
	半牧区	宁夏丰盛农牧科技有限公司	青贮青饲高粱
	半牧区		紫花苜蓿
	牧 区	宁夏丰田农牧有限公司	紫花苜蓿
		宁夏凤氏农业专业合作社	紫花苜蓿
	半牧区	宁夏海原县佳园绿林农专业合作社	饲用燕麦
	半牧区		紫花苜蓿
		宁夏荟峰农副产品有限公司	紫花苜蓿
		宁夏金苗农产品专业合作社	紫花苜蓿
	牧 区	宁夏金润泽生态草产业有限公司	紫花苜蓿
		宁夏康伟农机专业合作社	紫花苜蓿
	半牧区	宁夏老庄稼农业科技有限公司	饲用燕麦
		宁夏乐东农业科技有限公司	紫花苜蓿
		宁夏隆恩农牧有限公司	紫花苜蓿
	半牧区	宁夏绿洁源牧草种植有限公司	紫花苜蓿
		宁夏绿捷牧草种植专业合作社	紫花苜蓿
		宁夏绿山牧草种植专业合作社	黑麦
		宁夏绿山饲草种植专业合作社	紫花苜蓿
		宁夏农垦茂盛草业有限公司	紫花苜蓿

加工企业生产情况（续）

单位：家、吨

干草生产量						青贮 生产量
合计	草捆	草块	草颗粒	草粉	其他	
20000			20000			
350	200			150		
180	180					1500
500	500					250
						2800
2500	1500			1000		2500
200	200					2000
100	100					
483	483					
140	50	50	20	20		50000
1264	1264	0.1	0.1	0.1	0.1	0.1
570	570					
208	208					
1500	1500					
780	780					
1302	1302					
214	214					
7000	3000		3000	1000		1200
1743	1743	0.1	0.1	0.1	0.1	0.1
300	300					
600	600					
767	767					
2700	2700					6200
8000	8000					8000
841	841					
370	370					510
						500
1300	1300					4800
4500	4500					1500

7-5 各地区草产品

地 区	牧区半牧区类别	企业名称	饲草种类
		宁夏农垦渠口农场有限公司	紫花苜蓿
		宁夏千叶青农业科技发展有限公司	紫花苜蓿
		宁夏千种栗牧业有限公司	青贮玉米
			紫花苜蓿
	半牧区	宁夏草茸种植养殖专业合作社	苏丹草
	半牧区	宁夏荣华生物质新材料科技有限公司农业机械化作业服务分公司	紫花苜蓿
	半牧区	宁夏睿铭农业发展有限公司	紫花苜蓿
	半牧区	宁夏塞伊德农林牧综合开发有限公司	紫花苜蓿
		宁夏丝路希望农业科技有限公司	紫花苜蓿
		宁夏田园牧歌草业科技有限公司	小黑麦
			饲用燕麦
			紫花苜蓿
		宁夏旺畜草业有限公司	紫花苜蓿
	半牧区	宁夏欣欣向荣农业发展有限公司	紫花苜蓿
	半牧区	宁夏兴牧饲料加工有限公司	紫花苜蓿
	牧 区	宁夏盐池丰池农牧有限公司	紫花苜蓿
	牧 区	宁夏盐池盛禾农业发展有限公司	饲用燕麦
	牧 区	宁夏盐池县巨峰农业开发有限公司	青贮玉米
			饲用燕麦
			紫花苜蓿
	半牧区	宁夏忆农原生态农业科技有限公司	青贮青饲高粱
	牧 区	宁夏紫花天地农业有限公司	紫花苜蓿
		彭阳县宝发牧草种植合作社	紫花苜蓿
		彭阳县富鑫草业合作社	紫花苜蓿
		彭阳县国银林草加工合作社	紫花苜蓿
		彭阳县海斌苜蓿加工厂	紫花苜蓿
		彭阳县汇金源苜蓿购销专业合作社	青贮玉米
			紫花苜蓿

加工企业生产情况（续）

单位：家、吨

干草生产量						青贮生产量
合计	草捆	草块	草颗粒	草粉	其他	
6500	6500					
1951	1951	0.1	0.1	0.1	0.1	2500
						11425
1100	1100					
2281	2281					
3600	3600					
365	365					
480	480					
2156	2156					
						2700
						6000
5400	5400					24000
2500	2000			500		
774	774					
225	225					
600	600					
480	480					
						2300
350	350					
600	600					
2040	2040					
2000	2000					
10580	180		10100	300		
400	400					
2460	860		600	1000		
370	320			50		
						1500
1400	1200			200		

7-5 各地区草产品

地　区	牧区半牧区类别	企业名称	饲草种类
		彭阳县荣发农牧有限责任公司	紫花苜蓿
		彭阳县山中旺种植专业合作社	紫花苜蓿
		彭阳县卓骁种植专业合作社	青贮玉米
			紫花苜蓿
		平罗县成昊家庭农场	紫花苜蓿
		平罗县禾景沙漠治理专业合作社	紫花苜蓿
		平罗县龙华农业专业合作社	紫花苜蓿
		平罗县明鹏园农业发展专业合作社	紫花苜蓿
		平罗县陶乐天源復藏农业开发有限公司	紫花苜蓿
		平罗县永和奶牛养殖专业合作社	紫花苜蓿
		平罗县玉杰农业种植专业合作社	紫花苜蓿
		石嘴山市普丰牧草种植专业合作社	紫花苜蓿
	半牧区	同心县博天种植家庭农场	紫花苜蓿
	半牧区	同心县德友苜蓿种植专业合作社	紫花苜蓿
	半牧区	同心县黄谷川种植专业合作社	紫花苜蓿
	半牧区	同心县惠雯种植专业合作社	紫花苜蓿
	半牧区	同心县军强种植专业合作社	紫花苜蓿
	半牧区	同心县铭瑞需养殖专业合作社	紫花苜蓿
	半牧区	同心县荣欣养殖专业合作社	紫花苜蓿
	半牧区	同心县神农益民中药材种植专业合作社	紫花苜蓿
	半牧区	同心县世欣养殖专业合作社	紫花苜蓿
	半牧区	同心县义刚养殖专业合作社	紫花苜蓿
		西吉县冰玉农牧业专业合作社	紫花苜蓿
		西吉县博栋农业科技有限公司	紫花苜蓿
		西吉县武红养殖专业合作社	紫花苜蓿
		西吉县银丰草畜种植专业合作社	紫花苜蓿
		向阳屯农产品产销专业合作社	紫花苜蓿
	牧　区	盐池县乐山农机专业合作社	紫花苜蓿
	牧　区	盐池县绿海苜蓿产业发展有限公司	紫花苜蓿

加工企业生产情况（续）

单位：家、吨

干草生产量						青贮生产量
合计	草捆	草块	草颗粒	草粉	其他	
21450	1450		15000	5000		
1850	1680			170		
						3500
1600	1600					
752	752	0.1	0.1	0.1	0.1	0.1
1080	1080	0.1	0.1	0.1	0.1	0.1
537	537	0.1	0.1	0.1	0.1	0.1
654	654	0.1	0.1	0.1	0.1	0.1
1450	1450	0.1	0.1	0.1	0.1	0.1
486	486	0.1	0.1	0.1	0.1	0.1
4010	4010	0.1	0.1	0.1	0.1	0.1
820	820					
560	560					
1500	1500					
1440	1440					
2400	2400					
1600	1600					
440	440					
680	680					
440	440					
520	520					
2000	2000					
300	300					
300	300					
150	150					
420	420					
990	990					
1200	1200					
500	500					

7-5 各地区草产品

地 区	牧区半牧区 类别	企业名称	饲草种类
新疆 （11家）		阳县占福草业购销专业合作社	紫花苜蓿
		原州区俊宏养牛专业合作社	青贮玉米
			紫花苜蓿
		中宁县佳诚蔬菜种植专业合作社	紫花苜蓿
		中宁县建军欣欣粮食产销专业合作社	紫花苜蓿
		中宁县鸣沙镇薛营村经济合作社	紫花苜蓿
		中宁县鸣沙镇叶庭柱家庭农场	紫花苜蓿
		中宁县农丰枸杞专业合作社	紫花苜蓿
		中宁县自超奶牛养殖专业合作社	紫花苜蓿
		中卫市铁牛农机作业服务有限公司	紫花苜蓿
		拜城县益农养殖农民专业合作社	紫花苜蓿
		察布查尔县翔越颗粒饲料加工厂	紫花苜蓿
	牧 区	哈巴河县顺利农牧开发有限责任公司	饲用青稞
		呼图壁县同发饲草料农牧民专业合作社	青贮玉米
	半牧区	精河县天北牧业颗粒饲料加工合作社	紫花苜蓿
		柯坪县通达饲草料合作社	青贮玉米
	牧 区	老农民农机专业合作社	紫花苜蓿
	半牧区	尼勒克县常顺饲料有限公司	草木樨
	牧 区	青河县牧羊草业有限责任公司	紫花苜蓿
		日发新西域玛纳斯畜牧公司	紫花苜蓿
	半牧区	塔城地区三农农牧有限公司	紫花苜蓿
新疆兵团 （1家）		第五师双河市牧丰草业合作社	紫花苜蓿
黑龙江农垦 （3家）		黑龙江农垦东兴草业有限公司	紫花苜蓿
		黑龙江农垦嫩蒙牧草种植有限公司	紫花苜蓿
		黑龙江省硕泽农业发展有限公司	紫花苜蓿

加工企业生产情况（续）

单位：家、吨

| 干草生产量 | | | | | | 青贮生产量 |
合计	草捆	草块	草颗粒	草粉	其他	
2420	2120			300		
						800
100	100					
287	287					
1320	1320					
150	150					
256	256					
208	208					
1180	1180					
3000	3000					
97220	**68685**	**5485**	**23050**			**70400**
300	300					200
10000			10000			
400	400					100
						70000
8000	7000		1000			
300	50	200	50			100
4570	2285	2285				
5000		3000	2000			
60000	50000		10000			
850	850					
7800	7800					
4000			**4000**			
4000			4000			
2160	**2160**					**10607**
						6100
2160	2160					
						4507

附　录

一、草业统计主要指标解释

（一）天然饲草利用情况

1．累计承包面积：明确了承包经营权，用于畜牧业生产的天然草地面积。形式包括承包到户、承包到联户和其他承包形式，三者之间没有包含关系。单位，万亩，最多3位小数。

2．禁牧休牧轮牧面积：禁牧面积、休牧面积、轮牧面积之和，三者之间没有包含关系。禁牧是指对生存环境恶劣、退化严重、不宜放牧以及位于大江大河水源涵养区的草原，实行禁牧封育的面积。休牧是对禁牧区域以外的可利用草原实施季节性放牧的面积。轮牧是对禁牧区域以外的可利用草原实施划区轮牧的面积。单位，万亩，最多3位小数。

3．天然草地越冬干草贮草总量：在天然草地上生产，为牲畜越冬而储备的各类青干草数量，不包括已经饲喂或使用的数量。单位，万吨，计干重，最多3位小数，牧区半牧区县填报。

4．天然草地越冬鲜草贮草总量：在天然草地上生产，为牲畜越冬而储备的各类鲜草青贮数量，不包括已经饲喂或使用的数量。单位，万吨，计干重，最多3位小数，牧区半牧区县填报。

5．累计有效打井数：截至统计年末，所有可用于灌溉草地的有效打井数量。已经报废或不能发挥灌溉作用的不作统计。单位，口，取整数，牧区半牧区县填报。

6．当年有效打井数：当年打挖的用于灌溉草地的有效打井数量。单位，口，取整数，牧区半牧区县填报。

7．井灌面积：有效井灌溉、生产饲草的天然草地面积。单位，万亩，最多3位小数，牧区半牧区县填报。

8．草场灌溉面积：当年对生产饲草的草场进行灌溉的面积。多次灌溉不重复计算面积。单位，万亩，最多3位小数，牧区半牧区县填报。

9．定居点牲畜棚圈面积：在牧民定居点专门建设的用于牲畜生产生活的棚圈面积，不含牧民自筹资金建设面积。单位，平方米，取整数，牧区半牧区县填报。

10．贮草情况：主要指农牧民饲养牲畜越冬，贮备饲草量（干重）和青贮量。

11．放牧天数：主要指牲畜在天然草地上放牧的天数。

（二）饲草种子生产情况

1．饲草种子田面积：人工建植的专门用于生产饲草种子的面积，不含天然草场采种面积。单位，万亩，最多3位小数。

2．单位面积产量：单位面积种子产量。单位，千克/亩，取整数。

3．草场采种量：在天然或改良草地采集的多年生饲草种子量，不统计面积和单位面积产量。单位，吨，最多3位小数。

4．饲草种子销售量：当年销售的饲草种子数量。外购进来再次销售的数据不做统计。单位，吨，最多3位小数。

（三）多年生饲草生产情况

1．饲草种类：指苜蓿、饲用燕麦、青贮玉米、黑麦草等优质饲草，在填报系统中分种类选择，分别填报。

2．人工种草当年新增面积：当年经过翻耕、播种，人工种植饲草（草本、半灌木和灌木）的面积，不包括压肥面积。同一地块上多次播种同种多年生种类，面积不重复计算。多种类饲草混播，按照一种主要饲草种类统计。单位，万亩，最多3位小数。

3．当年耕地种草面积：当年在农耕地上种植饲草的面积。包含农闲田种草面积。单位，万亩，最多3位小数。

4．农闲田种草面积：在可以种植而未种植农作物的短期闲置农耕地（农闲田）种植饲草的面积，包括冬闲田种草面积、夏秋闲田种草面积、果园隙地种草面积、四边地种草面积和其他类型种草面积，相互之间没有包含关系。单位，万亩，最多3位小数。

5．冬闲田种草面积：利用冬季至春末闲置的农耕地种植饲草，并能够达到饲草成熟或适合收割用作牲畜饲用的面积。做绿肥的不做统计。单位，万亩，最多3位小数。

6．夏秋闲田种草面积：利用夏季至秋末闲置的农耕地种植饲草用作牲畜饲用的面积。做绿肥的不做统计。单位，万亩，最多3位小数。

7．四边地种草面积：利用村边、渠边、路边、沟边的空隙地种植饲草用作牲畜饲用的面积。所种饲草不用做牲畜饲用的不做统计。单位，万亩，最多3位小数。

8．其他类型种草面积：除冬闲田、夏秋闲田、果园隙地和四边地以外的农闲田种植饲草用作牲畜饲用的面积。所种饲草不用做牲畜饲用的不做统计。单位，万亩，最多3位小数。

9．人工种草保留面积：经过人工种草措施后进行生产的面积，包含往年种植且在当年生产的面积和当年新增人工种草的面积。即多年生饲草年末保留面积与当年新增一年生饲草种植面积之和。多种类饲草混合播种，按一种主要饲草种类统计。单位，万亩，最多3位小数。

10．人工种草单产：单位面积干草产量。单位，千克/亩，取整数，计干重。

11．鲜草实际青贮量：当年实际青贮的鲜草数量。单位，吨，取整数。

12．灌溉比例：实际进行灌溉的面积比例，不论灌溉次数。单位，%，取整数。

（四）一年生饲草生产情况

1．饲草类别包括一年生、越年生和饲用作物。饲用作物是指以生产青饲料为目的，不用于生产籽实的作物。

2．当年种草面积：当年种植且在当年进行生产的面积，做绿肥的面积不做统计。同一地块不同季节种植不同饲草，分别按照饲草种类统计面积。同一地块多次重复种植饲草面积不累计。多种类饲草混合播种，按一种主要饲草种类统计。单位，万亩，最多3位小数。

3．单位面积产量：单位面积干草产量。饲用作物折合干重。单位，千克/亩，取整数，计干重。

（五）商品草生产情况

1．生产面积：专门用于生产以市场流通交易为目的的商品饲草种植面积。单位，万亩，最多3位小数。

2．商品干草总产量：实际生产能够进行流通交易的商品干草数量。单位，吨，最多1位小数。

3．商品干草销售量：实际销售的商品干草数量。单位，吨，最多1位小数。

4．鲜草实际青贮量：实际青贮能够进行流通交易的商品鲜草数量。单位，吨，取整数，不折合干重。

5．青贮销售量：实际销售的青贮产品数量。单位，吨，取整数，不折合干重。

（六）草产品企业生产情况

1．企业名称：包含草产品生产加工公司、合作社、厂（场）等。填写全称。

2．干草实际生产量：实际生产的干草产品数量。包括草捆产量、草块产量、草颗粒产量、草粉产量和其他产量。单位，吨，最多1位小数。

3．青贮产品生产量：实际青贮的鲜草数量。单位，吨，最多1位小数。

4．饲草种子生产量：实际生产的饲草种子干重，不论是否销售或自用。单位，吨，最多1位小数。

二、全国268个牧区半牧区县名录

省份	数量	地（州、市）名称	牧区县		半牧区县	
			数量	县（旗、市、区）名称	数量	县（旗、市、区）名称
合计	64		108		160	
内蒙古	10	包头市	1	达茂		
		赤峰市	2	阿鲁科尔沁、巴林右	5	巴林左、翁牛特、克什克腾、林西、敖汉
		通辽市			6	科尔沁左翼中、科尔沁左翼后、扎鲁特、开鲁、奈曼、库伦
		鄂尔多斯市	4	鄂托克、乌审、杭锦、鄂托克前	4	东胜、准格尔、达拉特、伊金霍洛
		呼伦贝尔市	4	新巴尔虎右、新巴尔虎左、陈巴尔虎、鄂温克	3	阿荣、莫力达瓦、扎兰屯
		巴彦淖尔市	2	乌拉特中、乌拉特后	2	乌拉特前、磴口
		乌兰察布市			3	察右中、察右后、四子王
		兴安盟			4	科尔沁右翼中、科尔沁右翼前、突泉、扎赉特
		锡林郭勒盟	9	阿巴嘎、锡林浩特、苏尼特左、苏尼特右、镶黄、正镶白、正蓝、东乌珠穆沁、西乌珠穆沁	1	太仆寺
		阿拉善盟	3	阿拉善左、阿拉善右、额济纳		
四川	3	阿坝州	4	阿坝、若尔盖、红原、壤塘	9	马尔康、黑水、九寨沟、茂县、汶川、理县、小金、金川、松潘
		甘孜州	9	石渠、色达、德格、白玉、甘孜、炉霍、道孚、稻城、理塘	9	康定、新龙、泸定、丹巴、九龙、雅江、乡城、巴塘、得荣
		凉山州	2	昭觉、普格	15	盐源、木里、西昌、德昌、会理、冕宁、越西、雷波、喜德、甘洛、布拖、金阳、美姑、宁南、会东

（续）

省份	数量	地（州、市）名称	牧区县		半牧区县	
			数量	县（旗、市、区）名称	数量	县（旗、市、区）名称
西藏	7	拉萨市	1	当雄	1	林周
		昌都市			7	卡若、江达、贡觉、类乌齐、丁青、察雅、八宿
		山南市			4	曲松、措美、错那、浪卡子
		日喀则市	2	仲巴、萨嘎	5	谢通门、康马、亚东、昂仁、岗巴
		那曲市	8	色尼、嘉黎、聂荣、安多、申扎、班戈、巴青、尼玛	2	比如、索县
		阿里地区	3	革吉、改则、措勤	4	普兰、札达、噶尔、日土
		林芝市			1	工布江达
甘肃	9	兰州市			1	永登
		金昌市			1	永昌
		白银市			1	靖远
		武威市	1	天祝	1	民勤
		张掖市	1	肃南	1	山丹
		酒泉市	2	肃北、阿克塞	1	瓜州
		庆阳市			2	环县、华池
		定西市			2	漳县、岷县
		甘南州	4	玛曲、碌曲、夏河、合作	2	卓尼、迭部
青海	6	海北州	3	海晏、刚察、祁连	1	门源
		黄南州	2	泽库、河南	2	尖扎、同仁
		海南州	4	共和、同德、兴海、贵南	1	贵德
		果洛州	6	班玛、久治、玛沁、甘德、达日、玛多		
		玉树州	6	玉树、称多、杂多、治多、曲麻莱、囊谦		
		海西州	5	天峻、乌兰、都兰、格尔木、德令哈		

（续）

省份	数量	地（州、市）名称	牧区县		半牧区县	
			数量	县（旗、市、区）名称	数量	县（旗、市、区）名称
新疆	12	乌鲁木齐市			1	乌鲁木齐
		哈密市			3	伊州、巴里坤、伊吾
		昌吉州	1	木垒	1	奇台
		博尔塔拉州	1	温泉	2	博乐、精河
		巴音郭楞州			4	尉犁、和静、和硕、且末
		阿克苏地区			2	温宿、沙雅
		克孜勒苏柯尔克孜州	2	阿合奇、乌恰	1	阿克陶
		喀什地区	1	塔什库尔干		
		和田地区			1	民丰
		伊犁州	3	新源、昭苏、特克斯	2	尼勒克、巩留
		塔城地区	3	托里、裕民、和布克赛尔	2	塔城、额敏
		阿勒泰地区	7	阿勒泰、布尔津、哈巴河、富蕴、青河、福海、吉木乃		
云南	1	迪庆州			3	德钦、维西、香格里拉
宁夏	2	吴忠市	1	盐池	1	同心
		中卫市			1	海原
河北	2	张家口市			4	沽源、张北、康保、尚义
		承德市			2	围场、丰宁
山西	1	朔州市			1	右玉
辽宁	3	沈阳市			1	康平
		阜新市			2	彰武、阜新
		朝阳市			3	北票、建平、喀喇沁左翼

（续）

省份	数量	地（州、市）名称	牧区县		半牧区县	
			数量	县（旗、市、区）名称	数量	县（旗、市、区）名称
吉林	3	四平市			1	双辽
		松原市			3	前郭尔罗斯、乾安、长岭
		白城市			4	镇赉、大安、洮南、通榆
黑龙江	5	齐齐哈尔市			4	龙江、甘南、富裕、泰来
		鸡西市			1	虎林
		大庆市	1	杜尔伯特	3	肇源、肇州、林甸
		佳木斯市			1	同江
		绥化市			5	兰西、肇东、青冈、明水、安达

注：在原有的 264 个牧区半牧区县的基础上新增加云南省的德钦、维西、香格里拉县和西藏自治区的尼玛县；其中，尼玛县纳入牧区县范围，德钦、维西、香格里拉县纳入半牧区县范围；甘肃省安西县更名为瓜州县。

三、附　　图

万亩

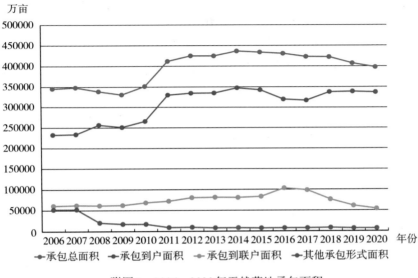

附图1　2006—2020年天然草地承包面积

万亩

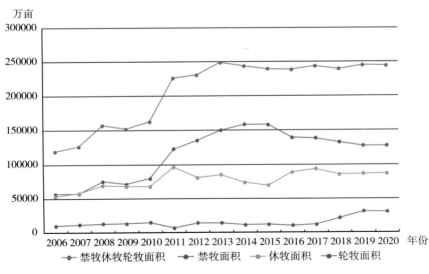

附图2　2006—2020年草原禁牧休牧轮牧面积

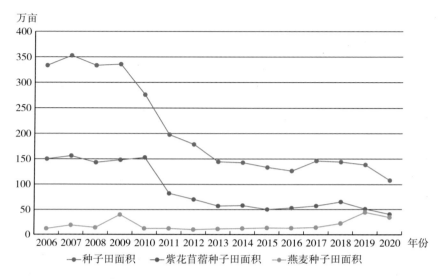

附图3　2006—2020年主要饲草种子田面积

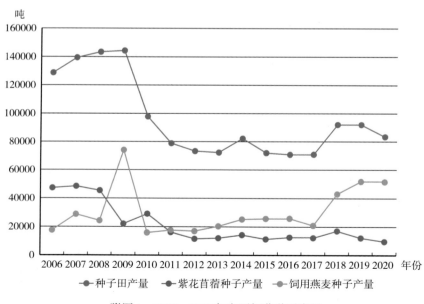

附图4　2006—2020年主要饲草种子产量

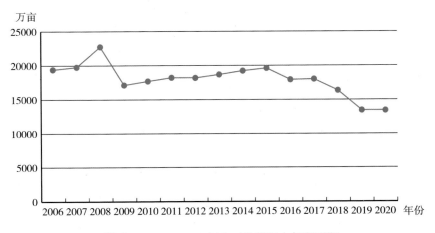

附图 5　2006—2020 年人工种草年末保留面积

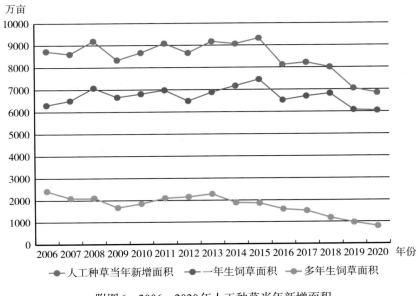

附图 6　2006—2020 年人工种草当年新增面积

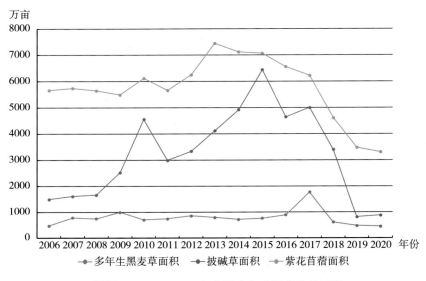

附图7　2006—2020年主要多年生饲草种植面积

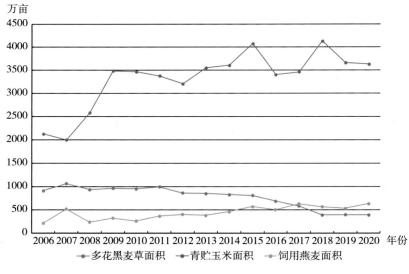

附图8　2006—2020年主要一年生饲草种植面积